# 品牌翻身戰

## 從10元小吃到破億連鎖餐飲，
## 開店創業策略教戰書

作者：

林冠琳（Irene）主筆／JK Studio共同創辦人

《創業時代》Podcast主持人

張偉君（Jerry）口述／JK Studio創辦人

推薦序——

# 品牌要成功就是把對的事情重複做，耐著性子持續做

商業策略顧問 邱煜庭

有一間餐廳，曾經我連續三個禮拜都叫外送，理由除了他們家的餐點真的很好吃之外，我在外送所使用的包裝上看到了這家餐廳的用心。後來一次朋友的介紹，這家店的老闆想找我聊聊，秉持著「這麼好吃的餐廳」一定要去幫忙的情況下，第一次踏入了 JK Studio，也第一次認識了 Irene 跟 Jerry。吃沒幾口，他們說想聽聽我對 JK Studio 的建議，當然我也沒在客氣的，從菜單設計、餐點的設計以及主打商品的設計，甚至餐廳在推廣上的主要策略全部都講了個遍，誰知道這個當時只有一面之緣的夫妻，就還真的聽信了我的話下去整改。而且多年後在 Irene 的文章以及她每次都很喜歡跟我講的就是，其實當時 JK Studio 已經快要準備關門了。咦，原來我在不經意之間救了一間餐廳？

我也跟她說過：其實 JK Studio 的成功並不是我，我只是剛好路過的一個顧問，真正讓 JK Studio 至今能開四家分店的，其實是妳的落實跟堅持。還有產品本身真的太優秀，行銷的效果才能得以發揮。

《品牌翻身戰》裡的部分內容，在這幾年中其實從旁都有略知

一二。而這些內容其實我相信也都是他們兩夫妻這多年來所心血匯聚的結晶，很多這一類的書大多都講的是心法，而《品牌翻身戰》講的卻是「細節」，這件事情從當年我被他們外送平台上的菜單吸引就可以看出一二。要知道當年外送平台才剛起來不久，許多餐廳即使上了外送平台，卻都只是把價格跟菜名擺上去而已，但 JK Studio 卻是少數在眾多餐廳當中，當時幾乎有把每一道餐點照片都放完整的用心商家。

其實一個品牌會失敗的理由有很多，但我相信成功的要素只會有一個：把顧客放在心上，不是我產品做的好就是一個品牌成功的理由，而是我的產品能夠為購買的消費者帶來怎樣的價值，而接下來的行銷跟運營的方針都不脫這個邏輯的情況下，把對的事情重複做，耐著性子持續做，但在做的過程中有哪些細節可以把事情做對，我相信這本《品牌翻身戰》能夠幫你看到產品品牌的優勢在哪，放大它、優化它，就像當年雖然 JK Studio 身處一個單行道的小巷裡，但周遭有三個步行不用五分鐘的停車場，加上（台北）市政府捷運站出口走路不到十分鐘，看起來不利於招攬過路客的門店，卻是朋友來自各方聚餐的好選擇。這些細節，在這本書裡俯仰皆是，請花點時間看過 JK Studio 這幾年來的努力，看看有怎樣的細節可能是你也可以用來放大的，我相信這本書裡或許也會有你要的答案。

希望再過幾年，他們兩個能夠真正完成我給他們的最重要的功課：走進餐廳，我不希望要看到他們。你知道這個課題背後的真實意思是什麼嗎？

推薦序——
# 錦上添花人稱羨，雪中送炭最難得

品牌行銷達人 | 台北同心扶輪社前社長　彭俊人（ToShi Peng）

7 年前一個平凡的夏夜，我初次走進 JK Studio 信義店。它位在離捷運站步行 3 分鐘，忠孝東路五段北側的巷弄裡。當時那條巷子只有靠近忠孝東路五段的地方有幾間小店，我曾經住在那附近好幾年，也鮮少走到松隆路那邊。當晚抱著一些懷疑趕赴與朋友的餐敘，沒想到整個用餐體驗會如此完美。這間餐廳除了品項豐富、餐點美味、價位合理之外，服務細緻到令人印象深刻。每當發現餐巾紙用完，白酒或餐具需要補，或是想換乾淨盤子的時候，服務人員總會及時現身，把需要的東西送到桌邊。這樣無微不至的服務並不是服務生緊盯著客人和桌子看，而是優雅從容，絲毫沒有壓迫感。

記得我當時默默祈禱，希望這間餐廳千萬別紅起來。因為見過太多餐廳的起起落落，如果它突然爆紅，訂位要提前好幾週甚至好幾個月，最後品質下滑，那又可惜了一間好餐廳。後來陸續去了幾次，每次的體驗都很棒，但時常整個晚上只有二、三桌客人，又不免開始擔心，若這餐廳沒紅起來，還能開多久呢？於是那陣子只要和朋友約聚餐，我就推薦去 JK。某天，發現他們接到了知

名品牌大廠的部門聚餐包場，又過一陣子，臨時去卻因為沒有訂位而吃不到，我才確定這個品牌終於做起來了。

這有點像是日本的偶像文化，資深鐵粉看著偶像從剛出道沒沒無聞一路成長，努力累積人氣到後來紅遍大街小巷。這種始終如一的感動，最能用來形容我和 Jerry、Irene 的友情。也許當初自己無心插柳、一股腦兒的支持，在 JK Studio 剛起步的時候注入了一股小小的力量，也成就了我與這對夫妻的好交情。

Jerry 和 Irene 的正直、誠信，以及不畏失敗、勇於嘗試的精神，是他們能將過去的失敗和挫折化作養分，將 JK Studio 這個品牌推上高峰的關鍵。他們傾聽客人的意見，給予廚師和員工非常高的自由度和信任，不放棄可以把每個細節做到最好的機會。然而，正當他們品牌起飛，迎向一片榮景的時候，新冠疫情卻又帶給他們前所未有的打擊。解封後，時任台北同心扶輪社社長的我，便決定將解封後的第一場實體例會舉辦在 JK Studio 信義店。錦上添花人稱羨，雪中送炭才最難得，我當時由衷希望他們成功，希望這樣的好餐廳能被更多人知道。

在這個人人都可以經營自媒體或創立自有品牌的創業時代，Jerry 和 Irene 的這本書，想必一定能成功澆熄許多想要衝動創業的人內心那把火（笑），先好好靜下來思考品牌經營的方方面面，才能贏在創業的起跑點上。

推薦序——

# 堅持努力看到成果的人，一般運氣都不會太差

金鐘視帝 - 游安順

曾經有段日子我戲約較少，得閒的期間我和內人心好經營私廚料理，想說過過廚師癮。開了才知道，開私廚要負責採買、進貨、備餐、料理、招呼客人，客人散場後還要整理、清掃，結束營業休息沒多久又一天開始了，又要再次重覆前一天的工作，那時才體會到餐飲服務業真的不容易！

由於我始終對表演藝術有著極度熱愛，所以我選擇回歸專心發展演藝事業。餐飲方面像是餐廳、酒吧這些則和朋友出點小錢投資一下，有些參與感我就心滿意足了。

記得好幾年前某一次我走進信義區的小巷弄內，看到一間新開的餐廳於是我走進去嚐鮮。那時認識了 JK 的老闆 Jerry。我覺得這間餐廳食物很好吃，Jerry 和店內的服務生也都很勤快很客氣，之後我便常帶家人、朋友去光顧，一直到現在變成 JK 的老顧客。

這幾年看著他和他的賢內助 Irene 一直努力打拼，不只熬過非常艱難的疫情，餐廳還越開越多間，身為老顧客與有榮焉啊！感覺 JK 這幾年的發展我們也有參與到，現在又出書了，真的替他們高興！

在演藝圈四十多年來，我看到不同行業的每個人在自己的人生道路上，那些堅持努力得到成果的人，其實到最後運氣都不會太差。能不能熬得過去、用什麼方法生存下來，就像我看著他們夫妻倆工作很拼命，從一家小店成長到連鎖餐廳，實在不簡單！這本《品牌翻身戰》大家可以仔細看看，推薦給各位。

推薦序——

# 品牌的三品概念：品質、品味、品德

國立臺灣師範大學社會教育系　張德永　教授

Jerry 曾侃侃而談他的客群屬性、市場區隔、餐廳定位、行銷策略，我們在他的眼眸裡看到了認真的態度及堅定的光芒。曾建議他寧可走高價與品質的路線，也千萬不能因市場或環境因素而自降品質。他做到了，不但挺過艱困的疫情風暴，店面更逐步擴張，JK STUDIO 也成了我們家庭聚餐時的口袋名單首選，甚至也會推薦給親朋好友。

本書分享 Jerry 夫妻創業的心路歷程與從中學得的企業經營之道，從書中看到的珍貴經驗絕非一般人可以輕易體會得到的。管理學的幾個重點：產、銷、人、發、財，他們無一不深入的體驗、研究與應用。此外，有一種三品的概念，稱之為「品質、品味與品德」，而品牌是重要的堅持與成果產出。從本書中，我們看到了他們夫妻從三品（保持製作的品質、重視顧客的品味、堅持信用的品德）中，建立了令人信賴的永續品牌。

看著 Jerry 長大、娶妻生子、創業與展店，一步一腳印是他的堅持，積極是他的工作態度，誠信是他的價值，細水長流的顧客群是他的資本，謙虛請益是他逐年成長的動力。「酒香不怕巷子深」，在他們夫妻的努力下，香氣已從信義店飄出巷子了！

# 推薦序——
# 責任和眼界在職場的重要性

台新金控資深副總經理 張德偉

在 Jerry 離開敝行之前,他曾專程來拜訪我一次。這位年輕人不僅跟我聊工作心得,也和我分享了他的創業計畫,非常難能可貴的是,他不但侃侃而談,還真的付諸行動,並成功實現了他的夢想,著實令人欣慰。虎父無犬子,他和他父親德義兄一樣,有著創業家冒險、堅毅的精神。

看到 Jerry 如今將其正確的金融知識分享給廣大讀者,並倡導「信用至上」的理念,令我十分欣賞。這不僅體現出他對銀行專業的深刻理解,更是所有創業者是否能夠長遠發展和發揮潛力的關鍵。

書中有一段話,我尤其認同:「用老闆的角度去思考流程和結果,用更高的視野和格局去處理面臨的難題。」這和我平時向年輕人強調責任和眼界在職場中的重要性不謀而合。

在此,我誠摯恭賀 Jerry 和 Irene 新書發表成功,並推薦這本書給所有的讀者。無論您是否創業,這本書集結了他們真實的經驗與心路歷程,並且展示了他們對工作、對人生的良好態度,值得您細細品味、深度思考。

## 推薦序——
# 這是本開店創業的武功秘笈

新齊廣告創辦人 廖原松

我從 Jerry 和 Irene 創業之初一路看著他們到現在，目睹了兩位從充滿熱情的創業者，轉變為成熟穩重的連鎖餐飲品牌創辦人。

回想他們從一坪大的小店舖開始創業，在失敗中記取教訓再重新出發，面對自己的不足，不斷學習新的知識與技能，凡事親力親為成就現在的 JK STUDIO 精品餐飲品牌。

《品牌翻身戰》真的是他們多年來實踐過程的心血結晶。書中分為四個章程，每一個部分都深入解析創業規劃和執行技巧。像是：如何在第一次創業就上手？如何撰寫商業計劃書？如何找到成功的商品？開店經營必須面對的問題，以及品牌定位怎麼做？為那些想要在餐飲行業中求得生存發展的創業者們，提供了具有參考價值的指引。

他們的經歷不僅充滿了啟發性，裡頭也提供許多精闢的見解與實用的建議。無論是創業新手或行業內的專業人士，我想大家都能夠從中獲得靈感。我強烈地推薦《品牌翻身戰》這本「武功秘笈」，不只能夠提升開店創業的成功機率，亦是每位創業者必備指南。

# 學海無涯勤為岸，青雲有路志為梯

前中華民國空軍戰鬥機飛行員 / 基隆市汽車貨櫃貨運公會理事長 /
新竹物流關係企業 新瑞貨櫃運輸總經理　謝智超 (Tiger Hsieh)

「學海無涯勤為岸，青雲有路志為梯」是我個人奉行的格言，也是在 JK STUDIO 創辦人夫婦 Jerry 跟 Irene 身上所見的驗證。

自詡為美食家及貪吃鬼的我及內人，一直以來吃遍大江南北、中西各路菜系，深信透過品嘗美食，可以感受到經營者與師傅的用心、功力及想要傳遞的訊息。造訪過許多米其林星星餐廳、名店，但 JK Studio 是我與內人到目前為止，同類型餐廳中的最愛，也是百吃不厭的口袋名店。

猶記得 JK 開張之初，我們到訪品嘗到牛小排、爐烤蔬菜、松露燉飯及松露濃湯的那份驚豔，Jerry 與 Irene 的親切隨和與熱情執著，感動與滿足至今仍深深烙印在腦海中。而他們一路走來不斷地克服萬難、自我挑戰，從 10 元路邊攤到營收破億的餐廳，所付出的努力及堅持，更是令我欽佩！如今更出書分享創業心得及點滴，讓有志投入餐飲業的後進及同業能一同成長，這份無私也令我動容！

文中很多都是寶貴的經驗與心得，以系統邏輯、條理方法協助讀者少走冤枉路，衷心推薦本書給各位尊敬的讀者，期盼各位藉由閱讀本書得到啟發，敲開成功的大道獲得成就。

自序——

# 從 0 到 1，從零到億的創業冒險故事

首先，非常感謝正在翻閱這本書的讀者們，謝謝你給我們機會，讓我可以向你介紹台灣新崛起的精品餐飲品牌「JK STUDIO」從 0 到億的故事。你沒看錯，真的是從什麼都沒有，到品牌破億估值的冒險故事。

這本書有兩位作者，由林冠琳主筆（以下稱 Irene）、張偉君口述（以下稱 Jerry）。我們將創業十五年來的點點滴滴、心酸血淚、成就與榮耀，共同寫成一本書。以半自傳的方式，生動描繪我們實際的創業歷程，分享這一路以來的各種挑戰、失敗和學習，希望這種真實性，能夠增加讀者的沉浸感並易於產生共鳴。

本書還有另一特色，我們將創業的經歷、品牌經營的教訓和建議，歸納成重點，整理提供給讀者參考，講述更多具體案例分析，比如成功的創業典範或者學習失敗的經驗，進一步深化讀者的理解。對於有志想要創業、經營品牌、打造企業 IP 或個人 IP 的讀者來說，具有很高的參考價值，鼓勵讀者跳脫舒適區，勇於嘗試所謂的「不可能」。

雖然這本書是商業類書籍，但最後兩篇，Irene 以散文的方式感性收尾。其一，我想和你聊聊關於夫妻創業，從一家小小夫妻店想要茁壯往企業化、集團化發展的過程中，那些必定痛苦的蛻變，令人心碎又上不了檯面的真實場景。夫妻共同創業是件很自然的事，胼手胝足開疆闢土說實在挺好，但也同時存在工作上容易產生摩擦，生活上難以完全平衡的缺點。

當讀者在看本書時，Irene 已經逐漸脫離敝公司的營運核心，我會告訴你為什麼我勇敢選擇重新規劃人生另一階段？而 Jerry 則繼續帶領 JK STUDIO 團隊邁向更美好的未來，創造榮景、豐盛獲利。

其二，Jerry 給創業小白的最後建議，究竟該創業嗎？亦或該如何沉著看待「創業」兩個字真正的意義和價值。這不僅僅是和創業小白對話，同時也和職場上的夥伴有深度的溝通。我巧妙利用一首中文歌曲《我們不一樣》來貫穿這些內容，大多數人本來都一樣，但究竟是什麼導致我們最終變得不一樣？

朋友問過我們一個發人省思的問題：「這十五年來的感受是什麼？」Irene 在筆耕的時候數度掉淚，十五年的歲月堆砌出一字一句，表達真實的歷練；用真金白銀做實驗，字裡行間透露著深刻的覺悟；維持相對顛簸的婚姻，禍福與共、相濡以沫直到今天。做為創業者，本身既是問題也是答案。我們期望以實戰精神，在創業和經營品牌這套遊戲中成為頂級玩家，找尋破解任務的方法，試圖創造獲勝全攻略。

謝謝你願意在接下來的時間閱讀《品牌翻身戰》內容。希望讀者

看完這本書之後，你會明白在面對難題時，我們當初的考量和解方是什麼？以及關於你內心的躊躇，願讀者都能在文章中獲得「下一步究竟該怎麼走？」的靈感與啟發。

精品餐飲品牌事業 JK STUDIO /
創辦人 張偉君 Jerry、共同創辦人 林冠琳 Irene

# 目錄

開啟網址，獲得書籍最新延伸資訊：

https://dub.sh/JKStudio2024

# Part1

# 創業前你一定
# 要知道的事

#  一開始怎麼測試心中的創業點子值得去做？

> 勿以善小而不為，創業也是。

創業的一開始，規模越小越好，先從「實驗性創業」做起。

小規模、小計劃，這樣小而美的想法執行起來有個好處，想像自己如游擊隊的作戰方式，具有靈活、主動、速決…等特性。容許自己的創業點子有試錯空間，遇到疑難雜症時，較容易找到方法解決問題，有效進行下一輪的優化。

反之，一開始就想要用自己或投資人的大筆資金，組織龐大規模幹大事，比如：連鎖五十家分店，成為業界領頭羊，品牌、電商、實體、通路，全都要一次到位，這些夢幻的「創業濾鏡」不是不可能，但在新手上路，根基不穩、團隊沒有默契（或未建置），甚至資金鏈沒搞定的情況下，槓桿開太大，無疑是拿石頭砸自己的腳。

## 為什麼要進行小規模創業實驗？

以餐飲創業來說，例如：路邊攤、行動餐車、月租三萬元以下的小店面、社區團購、網路平台販售…等等，都可以算是小規模的創業實驗。

透過這樣的實驗，在工作的過程中把下面這些問題的解決方式找出來：

誰會購買？→ 確認 TA 在哪裡。

他們喜歡或不喜歡的地方是哪些？→進行產品優化。

銷售過程中，有遇到什麼難題嗎？→提升成交率。

進貨生產、成本估算與實際獲利之間，有辦法完全掌控嗎？你懂你的生意嗎？→學會財務會計。

我們想跟大家分享一個很重要的觀念：「勿以善小而不為」。**這邊的「善」指的是你對生意細節的掌控度。**

不要因為是小規模、小生意，就想說，啊～～沒關係啦！那些不重要！不如等到生意變好了，有賺錢了，再來考慮上述的問題就好。這樣的想法，反而會害你在創業的路上栽跟頭。

**觀念不對，流程不會，功虧一簣！**

這一切都是蹲馬步的概念，基本功紮得穩，後面的創業這條路才能走得長遠。

## 以零售為例，講個真實笑話與你分享

2007 年，我和 Jerry 分別在求職與等待正式的入職通知，期間有一小段空檔，大約半年。為了不要虛度這半年光陰，我們跑去擺路邊攤。當時，我們販售的都是些小玩意，像是耳環、手機套、鑰匙圈這些。價格最低從 50 元到最高 350 元之間，都是些平價小物。

起初先從阿里巴巴採購布料手機套，那是我第一次選品「中國風小旗袍」款式的手機套。我初次看到時說：「哇～好可愛哦！那麼可愛又復古的造型手機套，客人一定會喜歡」而且我過往在台灣似乎還沒有看過，肯定大賣！越想越興奮、越想內心越澎湃。

現在回想起來都覺得，我的老天！到底哪來的勇氣？！這件事從一開始就注定是個悲劇，怎麼說呢？

自批貨、理貨、上架地攤箱後，出發前往台北東區 Sogo 附近擺攤，滿心期待我大顯身手的時刻要來了！並且幻想我一定會生意興隆、顧客源源不絕。沒想到，路過的每個人，幾乎看都不看一眼，或者佇足五秒鐘，看看就離去。

好不容易有一位看似像上班族的女士，跟我買了一個小旗袍手機套，我心中難掩雀躍，太棒了！開張大吉！我對自己說，看吧，就說一定會大賣。

很快地迎來第二位「客人」，那是位警察大哥。因為違法擺攤，我被開了張罰單，瞬間臉色一沉，不⋯不⋯不會吧⋯⋯怎麼會這麼快就被開單了？警察大哥做事好有效率。

那天我的營業收入是 100 元，但是營業成本除了油錢、停車費，還外加一張罰單。我一塌糊塗的窘態與警察大哥恪盡職守的英姿，形成了強烈對比。

垂頭喪氣的我，就像電動遊戲機台最後的那兩個英文字母，K.O.！遊戲結束，打道回府。這個經驗有幾點值得討論：

| 實驗測試 | 重點 | 學習經驗 |
| --- | --- | --- |
| 中國風小旗袍手機套，到底有多少人會想買？ | 確認 TA 在哪裡 | 確認目標受眾（Target Audience）的群體大小。 |
| 那如果不是這款商品，還有其他合適的品項嗎？ | 進行產品優化 | 通過市場分析了解目標市場的需求，選擇更適合的商品，根據過往的選品經驗進行調整和優化。 |
| 台北東區 Sogo 附近違法擺攤取締嚴格，即使有人流，多半也不會多加停留，那麼我們該去哪裡才會有收穫呢？ | 提升成交率 | 找到更合適的銷售地點，如合法攤位、市集或網上平台，吸引目標客群，提高成交機會。 |

| 實驗測試 | 重點 | 學習經驗 |
|---|---|---|
| 像這種布料手機套成本極低，一個大約 10 元以內，售價 100 元，不考慮其它管銷，毛利 90 元，90/ 進價 10 元 *100%，毛利率 900% 高得嚇人！賣越多賺越多。 | 學會財務會計 | 了解商品的成本結構和毛利率，通過財務會計知識確定產品的定價策略和銷售策略，最大化利潤。 |

## 但是，毛利率 900% 有用嗎？

上面表格最後一點，看起來好像很棒，但其實只是純粹按按計算機尋開心而已。

我們剛剛講到一個很重要的觀念：「勿以善小而不為」。對於事件發生，**哪怕是 10 元或 100 元**，**認真檢討自己的不足，接著改進，那張罰單（學費）才會繳得有意義**。而不是想說，沒關係啦！只是去消磨時間的，之後都要去上班了，不必太認真。如果我們當下是草率看待這次教訓，不去思考怎麼避免重蹈覆轍的話，我猜想，可能也不會有今日的 JK STUDIO。

像我剛開始，選品挑錯款式客人不買單，庫存壓一堆無法出清，在錯誤的地方犯下錯誤的決定，零經驗還自我感覺良好，真慘⋯所以我特別舉這例子，讓你在「笑話」之中，輕鬆理解合抱之木生於毫末，九層之臺起於累土。這麼小的事都做不好了，要怎麼

期待能在未來拿到結果呢？

現在，我們來思考 TA、產品、成交率的改進。

在寫這本書的同時，市場上已查不到這款商品，但我們也重新思考，當初中國風小旗袍手機套，如果我是賣家，今時今日的我們該如何銷售呢？

現在的我，不會再像以前一樣那麼笨，只會一個一個賣給終端消費者。而是會採取 B2B 策略，賣給有需要的商家，比如：文創商店、婚禮小物店家、活動企劃公司或有客製化商品需求的業者。為什麼呢？讓我接下來一一為大家拆解，但這都是多年不斷創業實驗下所得的經驗。

我先形容一下中國風小旗袍手機套的外型，長 15 公分，寬 7 公分，顏色繽紛好看，淺粉紅、碧綠色、茜紅色、丁香紫、青石藍，顏色選擇多的令人眼花瞭亂。

在智慧型手機的時代，想當然爾，主打手機市場絕對是不合用的。以前沒賣完的那批庫存，我們在 2008 年舉辦婚宴時，當成婚禮小物送給客人，反倒在婚宴喜慶的現場，中國風小旗袍手機套變得討喜起來，因為場景對了！

依此思路，如果舉辦農曆新年主題派對，小旗袍手機套可以用來裝飾伴手禮，裡頭可裝入手工香皂、小包裝精品米、小小罐的油鹽酒，或是香氛也很適合，換個方式做成造型包材，增添中國風氛圍。最重要的是，中國風小旗袍手機套很好拍照！打卡上傳社

群，再適合不過了。

舉個例子，Netflix《璀璨帝國 Bling Empire》，劇中的「比佛利山皇后」Christine Chiu 包下比佛利山莊的羅迪歐大道封街歡慶農曆新年。鏡頭上，雖然是閃爍奢華大型主題活動，富豪間的休閒娛樂派對，但鏡頭後方，沒拍攝到的佈置，仍然需要很多相關背景素材或小道具來做襯底。

一般人無法奢求辦派對送伴手禮，一出手就是愛瑪仕、LV 同等材質。但透過經驗學習與創新巧思，倘若你從事婚禮小物、公關策劃、活動佈置…等等工作，會不會為了想要服務好你的客人或貴賓，順利舉辦主題活動，而買來當作造型包材佈置看看？

再來，若你是文創商品門市、古玩商行店家，傳統藝術中心，會不會為了滿足整體氛圍與商品豐富度的需要，而採購相關商品服務客人（大眾消費者）？

回想初次擺攤是 2007 年的事，十七年後，因創業經驗值增加，以及商業上認知思維大幅提升的關係，我們重新思考中國風小旗袍手機套的使用場景、商品定位與獲利模式，讓原本滯銷的商品，又燃起了新的生命力。

◆◆◆

> 永遠都是提供客戶需要的東西，為他們創造需求、解決痛點，沒有推銷不出去的貨，只有不懂得銷售的人。

以上用我們的親身經歷，向你說明「勿以善小而不為」的力量。

小小一個成本 10 塊錢的布料手機套，我們以認真復盤的態度，回顧審視這一切。無論是創業或就業，盡可能地去訓練自己的「善行」，在商業環境中，習慣性地對於各種細節講究與持續優化，日子一長，它一定會為你累積更多邁向成功的良好因子。

## 結語

練習懂你的生意！請嘗試先從小規模實驗開始，學習你需要的四大創業規劃技巧：

| 問題 | 必備策略 |
|---|---|
| 誰會購買？ | 確認 TA 在哪裡 |
| 他們喜歡或不喜歡的地方是哪些？ | 進行產品優化 |
| 銷售過程中，有遇到什麼難題嗎？ | 提升成交率 |
| 進貨生產、成本估算與實際獲利之間，有辦法完全掌控嗎？你懂你的生意嗎？ | 學會財務會計 |

#  創業就要輸得起，
# 失敗是你的引路燈

> **不要浪費輸得起的青春，創業要趁早。**

選擇創業的決定，除了像上一篇所說從「實驗性創業」開始，小規模測試以外，還有另一個觀念，我們也很想跟你分享：除了小，還要早。

適合創業的年齡沒有一定，但一路走來，深刻體會輸得起的青春，是創業最大的資本。我們 27 歲開始正式創業，過程中經歷無數挫折，以前什麼包袱都沒有，反正年輕力壯、尚未生育，經得起跌倒十次、二十次甚至更多，搞砸了大不了再重來，從失敗中學習經驗，雖然辛苦，我們也從來沒有後悔過。

單單這麼形容還不夠，我來說個故事，使你明白我們是如何無怨無悔的看待年少輕狂。

# 什麼樣的冒險，讓你不會後悔？

時光回溯到十五年前，Jerry 決定要創業。

從確定創業、產品研發、LOGO 設計、包材訂做、找尋店舖、簽約付定、購買生財設備 ..... 等等，一直到舖位開張，整個籌備時間，前後只有短短的三個月。

2010 年 1 月 30 日，我們和朋友同遊香港，在旺角彌敦道其中一處商場發現一家叫做「百味」的小吃，賣得是特色涼麵，香港人稱做撈麵或冷麵。當時台灣還沒看過（又來了，又是我們本土沒看過的東西），跟我們習慣吃得傳統涼麵販售方式有很大的不同。

它的蠔油蒜味醬料堪稱一絕！搭配冷麵和多種小食，混搭拌勻，吃起來微冰的口感令人難忘。網路上查詢 Tripadvisor 貓途鷹，和 OPEN RICE 開飯喇的評論留言，據說這家「百味」已開業許久，是不少香港人學生時期的共同回憶。

每種粉麵和配菜皆為獨立包裝，看起來衛生，每包只賣港幣 2.5 元註1，我們以遊客心態豪吃，加了好多料，每個人也才花大約 20 元港幣左右，吃完後很有飽足感。相較於今日香港的物價水平，那時真覺得物美價廉。

Jerry 邊吃邊想，香港的百味食品，無論是醬料口味、商業模式、訂價策略與街頭小吃的品牌形象各方面，應該很適合台灣，當下就想原汁原味的引進台灣落地販售。

一個月過後，我們再度前往香港，這次帶著一位廚師好友一同前往百味取經，回台後，我們開始研發，找尋各種原物料，嘗試製作在香港所吃到的蠔油蒜味醬料。如此用心原因無他，因為醬料是冷麵產品中，最關鍵的靈魂角色。此醬料我們給它取名「好味醬」，取其近似於 " 蠔 "、" 好 " 的音，香港人口語說好好味（好好吃）的意思。

數不出來到底失敗過多少次，一下太鹹、一下不夠鹹、一下蠔油味過重、一下又蒜味太多，醬料研發一直測試不出人家香港那種蠔油、醬油、蒜頭的黃金完美比例。不停地試吃涼麵蘸醬料，深刻體會什麼叫做「吃到要吐」的感覺。但又不得不重覆此動作，**因為此乃餐飲研發之必經過程，為的就是要精準達到調料的完美程度，以及確保口味能夠符合大眾顧客所喜愛。**

終於，在某個瞬間，Jerry 一邊咬著麵條還來不及吞下，一邊驚呼：「對了！就是這味道。」我也跟著歡呼，老天保佑，真是太好了！除了開心找到配方以外，還有一種「解脫了、解脫了！」的感覺，拜託，我真的不想再吃涼麵，看到都怕了。

解決產品研發後，Jerry 在台北市西門町商圈的巷弄內，找到一坪大小，租金 37,000 元的小舖位。上一手交接後的屋狀很糟，既不衛生又殘破不堪，隨手翻起一塊破舊木板，裡頭密密麻麻的小強（蟑螂）數量，足以讓密集恐懼症的人雞皮疙瘩掉滿地，Jerry 也不禁被這突如其來的景象嚇了一跳。更別說在裝潢時，整個牆面木板敲下後，令人瞠目結舌的昆蟲奇觀，彷彿電影《神鬼傳奇》

傾巢而出的聖甲蟲場景，驚悚畫面還好裝潢時我人不在場，否則可能隨時會聽到連連的驚聲尖叫，干擾木工做事情。

在如此惡劣環境下，Jerry 和木工火速把小舖位全部拆光、清潔乾淨，點上防蟑藥劑，重新簡易裝修天地壁[註2]，讓原本破爛不全的小舖位整個煥然一新，再次造訪我都差點忘了它原本的模樣。接著搬進生財設備與器具，從頭到尾，只花三天。

那陣子睡眠總是不夠，趕工的三天期間，收工都是忙到早晨，看見路人準備上班上學。為了要配合木工上午排程，回家洗個澡、躺一下，又要準備出門了，可以說每天只睡一個小時。（好啦，我承認 Jerry 開車時，我在副座上狠心熟睡，只差沒打呼給他聽）。我突然回憶起以前聽過一位女明星的保養品廣告台詞：「你看得出來我每天只睡一個小時嗎？」赫然發覺，原來每天只睡一個小時，真的是有可能發生的事呀！你知道那是什麼樣的感覺嗎？

「躺上床，閉上眼，鬧鐘就響了。」一點也不誇張。

醒來的第一個想法是：「咦？不是才剛躺下嗎？怎麼鬧鐘會響呢？」對於時間感知產生錯亂，著實是因為太累了。我們不是刻意睡那麼少，你知道的，創業什麼都要燒錢，加上租金又那麼貴，怎麼能浪費多少施工天數呢？說什麼 Jerry 都要趕工再趕工，我就陪他熬夜再熬夜。

但是沒關係，當時我們有三樣雄厚的資本：

1. 年輕的身體

2. 滿腔的熱血

3. 天真的想法

挾帶著青春的本錢，薄弱的認知與緊縮的資金，恣意揮灑創業的豪情壯志，感覺未來準備因我們而變得美好，多麼地慷慨激昂啊！看到這段描述，我相信你已經猜到我們第一次創業的下場了。

沒錯，就是失敗收場，僅僅維持一年半。

## 別害怕失敗，讓難題為你的前程引路

Jerry 對創業很有熱忱，初步決定創業之時，**他很單純地認為餐飲業門檻較低、創業相對容易，但沒想到這個觀念大錯特錯**，差點害得我們要從餐飲市場中淨身出戶。

第一次真正創業的項目，我們取名「百味冷麵」，並註冊商標。

一開始舖位都還沒開張，一個客人也都沒有，就跟著在香港看到的有樣學樣，所有具體目標和籌備行動全都奔著「品牌」念想而去（品牌是我們創業的初衷，至今仍初心不變）。零經驗的我們把事情想得太簡單了。開了才知道，自以為會熱賣的商品，竟如此經不起市場考驗。但反過來想，不對啊，人家香港百味就賣得那麼火旺，大排長龍、生意興隆，我們怎麼就門可羅雀、滯礙難行？到底是為什麼啊？

一個個難題接踵而來,我們初嚐挫敗的滋味,賠本大約 60 萬元,歸究並檢討三大原因:

## 1. 產品太新,售價太低

我們學香港的定價模式,每包配料、每包麵條均一價台幣 10 元。可自由選擇搭配,然後再加入醬料,預計每人均消可達 50~60 元以上,但是我們忽略一點,**新東西要教育市場是需要時間和成本的,沒有前人或知名的競品品牌共同推廣市場,一起拉下「創收的桿」**[註3],小小一個攤販,就我們一家很獨特沒錯,但不好意思,這就是典型的炮灰,捨我其誰。

## 2. 租金太貴,人流不足

租賃鋪位時,由於是向二房東簽訂租約,37,000 元的確很貴沒錯,但如果生意不錯的話,算一算獲利,應該也還夠我們過一般樸實生活,沒想到蜜月期只有開幕的前兩個月。

那時正逢電影《鋼鐵人 2》上映,強檔大片帶動西門町商圈看電影和逛街人潮絡繹不絕,我還記得當時 Jerry 還和戴著鋼鐵人面具的路人拍照呢!那陣子,整條攤商大家時常忙得不亦樂乎,熱鬧非凡。

但好景不長,兩個月過後,隨著強檔大片熱潮退去,我們的新舖

位過了蜜月期，生意開始一落千丈。才發現說，原來西門町不是
每天都這麼熱鬧呀；原來平日、假日生意差很多；晴天、雨天生
意差很多；夏天、冬天生意差更多；原來西門町的遊客數量與香
港旺角的遊客數量竟然天差地遠。註4

> ◆◆◆
>
> **這就是我們當初用遊客的角度看餐飲創業，所犯下
> 的錯誤之一。太多太多的「原來」，都是在我們真
> 正執行後，才一個個發現的問題。**

為了改善業績、吸引人流，我們試過發送實體傳單（當時 FB 還不
夠普及）；背著試吃品，徘徊巷口請路人試吃；製作指引標誌，
與工讀生輪流到巷口站崗吸引顧客目光。

更天真的來了！我們竟然打電話去問捷運內的廣告公司，上刊燈
箱廣告要多少費用？我的心理帳戶註5 想說大概八千塊或一萬多差
不多吧？對不起，我想我是做夢去了。台北捷運西門站 6 號出口，
2010 年燈箱上刊行情是二十萬起跳，我這鄉下來的鄉巴佬著實驚
訝地下巴都要掉下來了，我⋯⋯我⋯⋯我還是乖乖地回去發傳單吧！

這事還沒完，壓軸總是最精彩的！壓垮我們最後一根離開西門町
稻草的，不是日漸下滑的業績，也不是捷運燈箱的廣告費用，更
不是新品上市知名度低的原因，而是天價的西門町租金行情。

2011 年，由於台北士林夜市舊地標「都會叢林」吹熄燈號，大批

攤商四處尋找容身之處，在僧多粥少的情況下，我們那一坪大的房租，一口氣從 37,000 元漲到 58,000 元，這真是太令人崩潰了！大房東沒在管，二房東沒在怕，要租不租？要一聲，不要兩聲。自從都會叢林的消息一出後，我幾乎每天接其他攤商電話接到手軟，有時候連上廁所電話都在響。

「你們要退租了嗎？讓給我好不好？」

「你們什麼時候不做，轉讓給我好不好？」

「聽說你們不做了，可以租給我嗎？」

頓時，我們變成了炙手可熱的網紅攤商，大家都來拜託我們趕快滾！到現在，仍然有很多人問我們：「聽說信義區租金很貴齁？」「聽說百貨公司租金很高齁？」

大家會這樣問，不外乎是因為沒有這方面做生意的經驗，所以好奇；另一方面，台北信義區與大安區的崛起，讓大眾遺忘風華漸退的西門町商圈行情。最瘋狂的，往往都不是檯面上你看到的那個樣子。


## 3. 供貨補給，效率太低

◆◆◆

### 新手做餐飲創業，剛開始最怕的就是「量抓不準」。

生意好的定義是什麼？生意差的底限在哪裡？哪些食材、哪些醬料的銷售基準量預估多少？平日、假日各該準備多少？哪些產品較熱門？哪些產品較冷門？**準備太多怕報廢、準備太少怕來不及運送補貨，這些都是沒有經驗與數據支持的結果。**

當時廚師朋友大方出借家中一隅，幫助我們省下中央廚房的租金，做為後廚備料。但因為地址位於新北市五股區（近八里關渡大橋一帶），長期往返運送，讓我們學到現場販售與供貨補給之間，難以取得平衡。有時生意太好了，展示冰箱內的產品一下空空如也；有時當天生意不好（但前一天生意很爆）便錯估預期數量，導致食材過剩必須冷藏至隔天，有些甚至影響口感，新鮮度大打折扣。

由此經驗，讓 Jerry 下定決心要租一個真正的「店面」。要有座位給客人內用，要有廚房給我們備料，要能擺進至少三台冰箱（兩座冷藏加一座冷凍），要讓廠商送貨方便，要解決多頭馬車的種種麻煩問題。

這部分的改進，為我們後來的餐飲事業奠定紮實良好的基礎，加上我們凡事親力親為，無形之中，攢出第一本實戰經驗複利存摺。

## 究竟是不好做？還是做不好？

時常耳聞一種說法：「餐飲業不好做，客人刁得要命，工作時間又長又辛苦，人難請，請來又不好管理，我才不要做餐飲業。」

於是改行；不久後，又聽到一模一樣的話，只是「餐飲業」換成了某某業，於是又再度改行。

微利時代，一般企業比較難有人能跳出來負責任的說，哪個行業好做、哪個行業不辛苦、哪個行業客人很好搞定、哪個行業員工好招募、好管理。

憑心而論，**不是餐飲業好不好做的問題，而是大部分行業都競爭。在競爭的前題下，是否認知還停留在過往的思維，從未改變？**又或者，我們是否能透過失敗的經驗，改善不足，提升自我。

誠實面對自己，每日復盤檢討。現在就請依據所在行業，寫下正面臨的難題，一條一條寫下來。接著，查資料、找方法（看書、爬文或參加課程），或向高手請益，把可能有機會改善的解決方案，相對應地寫上去。當然，你也可以分享給身邊有需要的人。

相信我，成長跟學歷無關、跟年齡無關，一切都是從誠實面對自己開始。

| 遇到的難題是什麼？ | 可以怎麼改善解決？ |
| --- | --- |
| 例：產品知名度低，推廣不如預期 | A.<br>B.<br>C. |
| 例：定價策略是要與競品相同？或漲價或降價？ | A.<br>B.<br>C. |

註 1　2023 年香港百味的小食，已從每包港幣 2.5 元翻漲至 5 元。

註 2　天花板、地板與牆壁。

註 3　劉潤《底層邏輯 2》經典博奕中的決策智慧，智豬博奕：「搭便車」策略。

註 4　根據香港恆生銀行 2011 年 4 月 20 日經濟專題報告：2010 年訪港旅客人數
　　　強勁反彈，急升 21.8% 至 3,600 萬的新高。(https://cms.hangseng.com/
　　　cms/tpr/chi/analyses/PDF/ecof_c_2011apr.pdf)
　　　根據經濟部，經濟統計數據分析 2010 年觀光客來台總人數 550 多萬人次。
　　　查詢日期自民國 99 年 1 月至 99 年 12 月。(https://dmz26.moea.gov.tw/
　　　GA/common/Common.aspx?code=O&no=2)

註 5　2017 年諾貝爾經濟學獎得主，行為經濟學之父，理查 · 塞勒半自傳性代表
　　　作《不當行為》。心理帳戶：一般人如何思考金錢？

# 1-3 如何做出跳脫舒適圈，選擇創業的決定？

◆◆◆

**無論就業或創業，都是用實力證明，拿結果說話。**

不知道大家有沒有遇過一種狀況，不少人品頭論足著老闆的種種不是，覺得老闆這樣也能開公司賺錢？明明就有很多缺點、明明就是靠誰誰誰才撐起公司業務的一片天，哼！我來做一定做得比他好、我來開公司一定可以青出於藍，我來一定就 ......，於是無限的美好想法呈現腦海之中。

如何從企業中跳脫出來做創業的決定？我們想特別說明，要不要選擇創業並不是寫這本書的最終目的，也並非想傳達任何人都必須要在就業和創業兩者之間立即拍板做決定。而是希望你在人生不同時期，無論選擇哪種不同方向，**都能在其環境中建立正確的工作態度，這才是最重要的觀念，而非一昧的「口才華麗風采橫，行事草率意浮沉」**。

## 廣告傳單改良術，想要成交，先有誠意

2008 年某日，難忘那個令人興奮的傍晚，我們在台北師大夜市準備開始擺路邊攤，Jerry 收到銀行的正式錄取通知，倆人為找到一份他喜歡的正職工作而開心不已。在此之前，Jerry 透過人力銀行招募平台，應徵銀行貸款專員一職，那是一份基層的工作，起薪台幣 29,000 元。但他從未因剛開始的起薪低、成交難度高而有過一天算一天的念頭。在銀行任職期間，Jerry 工作很拚命，除了在執行電話開發，騎著摩托車拜訪客戶以外，有天他突發奇想一招：投遞「有誠意的廣告信件」。

什麼是有誠意的廣告信件？

回想一下，在信箱收到的房地產廣告、銀行金融廣告、餐飲宣傳廣告是不是大多都是一張薄薄的傳單居多？那時 Jerry 為了降低無效投遞，盡可能避免人家把傳單直接丟進垃圾桶，於是他改良了三個步驟：

1. 自費印製銀行的廣告面紙。

2. 買來制式信封。

3. 將印有「銀行貸款專員 - 張偉君」聯繫方式的廣告傳單折好（不能亂折，正面需朝上），接著連同廣告面紙，放置信封內，黏好封口，使之信封有其厚度，如此才算完成一封有誠意的廣告信件。

下班後，我陪著他挨家挨戶投遞信箱，我們在同一條街道上兵分兩路尋找每一個機會，希望讓「有誠意的廣告信件」盡量觸及有需要的家庭。這不僅僅是一項工作，我們相信，每一封信件都是一個可能成交的開始，也或許是連結另一個人生故事的開端。

我曾經問他：「這樣做有用嗎？怎麼不乾脆用廣告傳單投一投就好了，還要這麼費工做這一包包信件？」

Jerry 說：「如果妳是開信箱的人，一封有厚度的信跟一張薄薄的廣告宣傳單，哪個較大機率妳會留著，而不會直接丟到垃圾桶？」我想都不想就說：「當然是厚的那個呀！一定會好奇裡面是什麼，打開來看到是面紙，心裡還是會感到有些小確幸。」

因為每次我開信箱，大多時間的確是會把不需要的廣告傳單放入紙類回收，比較少端詳。但因為我們製作的是「有誠意的廣告信件」，必須經過撕開封口這個動作，拆信者打開傳單看兩眼的機率，或者看看廣告面紙的機率，想必是會大幅提升。

這就是為什麼 Jerry 要花費心思做這件事的原因，後來真的因為「有誠意的廣告信件」而成交了第一筆貸款。

第一個向 Jerry 申請貸款的是一位媽媽，因為兒子要結婚了，家裡需要一筆錢裝潢整修，媽媽為此事非常謹慎，拿著廣告信件專程跑到銀行，看是不是真的有張偉君這個人。期間，因為 Jerry 認真仔細的工作態度，以及盡力幫助客人成功貸款，得以為兒子籌備婚房，媽媽為了表達她的謝意，還額外包了個小紅包謝謝 Jerry。

## 怎麼判斷自己或同事具有創業家特質？

Jerry 在銀行任職約一年半時間，這份工作不輕鬆但他做得很開心，**他從來沒有因為自己是員工身份，而認為我領多少錢做多少事就好**。在職期間，他為了整理簽約案件，時常工作到很晚才下班。某次，我想說去等他一起下班回家，沒想到我一等就等到凌晨一點他才忙完，他的同事早就全都下班了，凌晨一點，他才拿著鑰匙關上公司的門。

雖然當時我們都已經筋疲力竭、雙眼無神，但時光凝結在他鎖門的那一刻，至今我仍對銀行貸款部的兩扇大門模樣記憶猶新。我也還記得，Jerry 在執行銀行工作的所有畫面，他屬於自我驅動性很強勁的那一類人，他的心態是：

**做自己的老闆，領航自身的方向。**

我唯一忘記的是，他在銀行工作前前後後究竟領了多少獎金？雖然他有上繳給我，但多年後，實在對領多少薪資這件事情，覺得淡泊。

我想要表達的是，「成就」兩個字應該要建立在什麼樣的基礎之上比較適合？

2009 年，Jerry 因為工作態度積極，在多次與航空公司高階主管拜

會後，得到對方的賞識並且給予機會，他簽下了航空公司大型專案，那是全台灣最大的民用航空業者（有朵梅花），這樣一講讀者就知道是哪家了。機組員包含機師與空服員的信貸團件，由他獨得專案委託，此一創舉無人能出其右。

全盛時期，案件數量多到須由同組同事幫忙共同協作，才得以消化民航公司團件的申貸案量（時至今日，大型團體貸款模式仍持續在該行執行中）。但會有這麼多客人願意給他機會，不是沒有原因的。在工作態度上，Jerry 總是認真負責，有一次，為了配合機師的下班時間，客人說：「晚上大概 10 點、11 點才有空，可以到我家簽約嗎？」哪怕他已經早起工作了一整天，仍然依照客人指定時間，準時抵達機師家簽署案件，帶齊資料只為了給對方簽個名、蓋個章。離開機師的家，已接近午夜，回到家後繼續整理今日收回來的文件，因為隔日上班必須繳交給財務部門主管。類似的工作狀況，在他任職期間，從未見他懈怠。

當年 Jerry 得到銀行業務 MVP 之殊榮，締造了銀行內信貸神話，集團尾牙時，來自北中南各地的業務代表，其中有好幾位以追蹤網紅的視角，想來看看張偉君到底是誰，竟然如此強大，首度以團件方式簽到國內最大民航公司的案子。因為在此之前，銀行內部幾乎沒有人相信該案可以簽得下來，並且是用「團件」的形式取得，破天荒的佳績不僅為公司帶來獲利，也為當時的分行單位增添些許榮譽。

曾經 Jerry 的一位上司這樣稱讚他：「偉君是自我驅動型的人，不

用擔心他，他自己要什麼，就會朝那個目標行進，直到拿到結果為止。」

## 對於人脈的正確認知

爾後，同事們才知道原來 Jerry 是「有背景」的人。

Jerry 的叔叔是銀行金控的核心高層，但無論是在初期求職方面，亦或是爭取業務機會方面，Jerry 從來沒有主動拜託叔叔這項人脈資源。他的觀念是，就是因為自己什麼成績都沒有，才更應該靠自己打拼「用實力證明，拿結果說話」。直到入職一年多以後，在分行內有了些許好成績展露頭角，Jerry 方才好意思去拜會叔叔。

他前往位於台北市仁愛路上的銀行金控大樓，第一次搭電梯到總部最高樓層，難得的經驗是任職期間的第一次也是最後一次。一方面向叔叔報告他入職以來的工作歷程、心得總結；一方面也向叔叔道別，感謝銀行對他的栽培，因為他始終有著創業夢想，在即將離開的前夕，特地來向他這位「老長官」致意，這讓叔叔很是欣慰。

在大企業磨練的經歷，讓 Jerry 銘記在心的是，**無論就業或創業，「積極的工作態度」非常重要，這跟本身是什麼身份、什麼職位沒有關係。**

如果就業期間，只是一心想著要準時上班、到點下班，平時應付

了事、不積極主動，不願意額外投入時間和心力來強化個人實力，怠惰於追求學習成長，既拿不出成果，又無法在職場上突顯個人價值，那麼綜觀以上，憑什麼覺得選擇創業就會成功？憑什麼認為別人就該投資自己的創業項目？憑什麼冀望客人就該為自家的產品或服務買單？

積極主動的態度、不斷進修的精神，是直接導致能否取得勝利的因素，是贏得尊重和成功的至要關鍵。


## 結語

我們在職場上觀察到，許多人不時都有想要升職加薪，或者是想要創業當老闆的念頭。在公司裡要升職可以，請說明為公司創造了什麼價值？要加薪也沒有問題，請證明為公司帶來哪些成果、締造哪些佳績？千萬不要誤把辛勞當做功勞。

而創業當老闆，隨時都是機會之門，真正的挑戰在於是否擁有克服困難的能力。這也涉及到是否願意付出更多的時間與心力，並且勇於承擔創業可能帶來的風險與後果。

導演王家衛執導的《繁花》中有一句經典台詞：「所謂出人頭地，就是被人教訓的過程。」言下之意，也可以詮釋為：

◆◆◆

**熬得住的出眾；熬不住的出局。**

此觀念無關乎就業或創業，而是在庸庸碌碌與出類拔萃之間，你怎麼選？

# 1-4 創業者知道怎麼向銀行貸款嗎？

「信用」是人一生中最重要的名片。

我們夫妻二人創業初期，除了自有資金與朋友借款以外，還曾經向銀行申請「青年創業及啟動金貸款」簡稱：青創貸款。當時，我們不太確定青創貸款計劃書要怎麼寫，深怕卡關，於是透過介紹請教有經驗的人士。最後，順利向銀行申請八十萬青創貸款額度，作為我們的餐飲創業啟動資金。

## 創業練習題：

請將目光停留在這段文字三秒鐘，先想想，貸款之所以會通過，最重要的條件是什麼？

A. 創業貸款計畫書撰寫出色。

B. 預計還款年限越短越受銀行青睞。

C. 申貸人與金融機構的往來紀錄良好。

換句話說，A、B、C 哪個才是銀行會優先借錢給創業者的主因呢？答案是 C。

## 培養好的信用，是賺錢的開始

會不會有人覺得很奇怪，那創業貸款計劃書不重要嗎？預計還款年限沒有關係嗎？與金融機構的往來紀錄良好又是什麼意思？既然答案是 C，我們就先解析最重要的觀念：「信用是人一生中最重要的名片」。

我曾一度誤以為是不是我們的創業計劃書寫得很好，所以銀行才貸款給我們？

不是說創業企劃書不重要，那是創業的基礎，不能隨意瞎編。只是說換個立場想，如果是你，你會借錢給有借有還的人，還是次次拖延賴帳的人？**守信用的人，或許文筆沒那麼好，但你可能還是會在他有需要時伸出援手；信用很差的人，即便再怎麼舌燦蓮花，也讓可能幫忙的人望而卻步。**

那麼站在銀行的角度，思考邏輯也是一樣，優先考量並仔細調查

的就是信用狀況。申請金融服務時，無論是青創貸款、企業貸款、信用貸款、車貸或房貸 ... 等，銀行都會查詢聯徵紀錄[註1]，作為審核貸款的標準之一。

像 Irene 剛出社會時，對金融知識不全，秉持著不喜歡欠錢的「美德」（傻啊！美德不是這樣用的），故一開始沒有申辦信用卡，消費全部使用現金支付，妥妥的「小白」一枚（指從未辦過信用卡的人）；也因為尚未購屋置產，所以沒有房貸產生。當時未有創業想法，更別說與銀行申請信貸，我壓根沒這觀念。具體的說，**我不知道原來「培養信用」是需要長期與銀行等金融機構往來。**

那麼以「個人」為單位，我們該怎麼培養信用呢？下面這三個要點你一定要知道。

## 一．使用信用卡消費

舉例一般的社會新鮮人來說好了。畢業後從事第一份工作，每月的薪水會經由所任職的公司指定銀行薪資轉帳，如此，便可向銀行申請信用卡，刷卡金額不超過能力範圍。當然，如果本身精通計算信用卡累點消費、分類刷卡的人，那麼此人的金融知識一定是比我更好的，早已熟捻如何培養信用的觀念。

那反之，假設某人信用卡額度三萬，刷卡買潮流新款手機兩萬多，接著生活開支出現問題，或者下個月無法正常繳款，沒有正視這不良金錢觀念，長此以往，不僅銀行拒貸機率偏高，對於創業來

說，信用差的人也非常不適合創業，因為不懂得規劃金錢，無法有效掌握現金流向，想要創業的確是會比較辛苦。

所以，使用信用卡消費要記住一個觀念，刷下去的那筆開銷，當帳單來時，確定自己一定付得出來的才刷卡。而且不要找藉口不記帳或說不知道刷卡總金額，現在手機的銀行 App 很方便，隨時都可查詢消費紀錄、設定刷卡通知，這些都是幫助我們養成正確使用信用卡，培養良好信用的步驟。賺錢有方法，用錢有度量，理性消費，信用至上。

## 二. 每月繳清很重要

◆◆◆

> **每月信用卡帳單來時，必定要如期繳清，這是信用守則第一條，非常重要！**

Jerry 千交代萬交代，叫我一定要把「**每月繳清**」這四個字大大地重複提醒。不遲繳、不分期、不繳最低金額，避免產生信用卡循環利息。當然，培養信用也要避免使用信用卡預借現金。如果整篇看完，讀者其實不記得內容寫了些什麼，只記得「**每月繳清**」，那也很好，表示重點已經被掌握了。與銀行往來培養好信用，往往就是這麼樸實無華且枯燥，但有效！

### 三．瞭解信用評分分數

隨著工作年資累加，人會有其他貸款需求，例如：買車、買房、創業或其他，此時車貸、房貸和信貸，便會成為這段時間的需求之一，聯徵也會查詢得到借款記錄、還款狀況和尚未償還的欠款。貸款部分與信用卡消費、繳款紀錄都會詳細出現在聯徵中心的徵信紀錄裡，但各金融機構所使用的信用評級分數與計算方式略有不同。

以下使用 Jerry 之前服務過的銀行信用評級表，區分成 0~12 分，滿分 12 分。

| 國內某銀行信用評級分數 | |
|---|---|
| 0-5 分 | 信用不良，貸款業務會直接跳過，不受理貸款申請。 |
| 6-7 分 | 信用普通，像是背負信用卡循環利息，就有可能落在這個層級。 |
| 8-10 分 | 信用良好，申請貸款與銀行撥款大多沒有問題，但貸款利率和放款額度，則依各自的條件略有差異。 |
| 11-12 分 | 信用非常良好，在此層級的申貸人本身信用卡繳款正常、負債比低、現金存款高，但這類的申貸人僅只少數。 |

我知道看完這表格你還是有疑惑：「那然後呢，這評分表跟我有什麼關係？」不著急，我跟你同一國的，所以我特地請 Jerry 再幫我製作一個表格，讓我們這群麻瓜，都可以秒懂信用好跟不好，差在哪裡？

| 五年 60 期企業貸款金額 1000 萬 | | | | | |
|---|---|---|---|---|---|
| 信用評級 | 貸款利率 | 60 期月付金額 | 總還款金額 | 利息總額 | 利息差異 |
| 優等 | 3% | 179,687 | 10,781,215 | 781,215 | 0 |
| 差等 | 5% | 188,712 | 11,322,750 | 1,322,750 | 541,535 |

先說結論：銀行核估利率信用優等 3%、信用差等 5%，兩個企業貸款條件不一樣，五年 60 期利息金額，兩者之間竟差了 54 萬！換句話說，萬一信用差等，就得要多付 54 萬的利息，這就是平時要培養優質信用的原因。好的信用是賺錢的開始，**不要覺得信用卡偶爾刷爆沒關係，帳單遲繳一次、兩次無所謂，人在做，聯徵在看，早就把這些行為記錄在案。**

# 不要貪心

除了上述重點，培養好信用還有一個觀念要清楚知道，三個月內過於頻繁的聯徵調查、詐騙等帳戶，都會被列在聯徵記錄當中，故個人的銀行帳戶不要隨意出借給他人，以免被非法利用。在此特別針對帳戶被非法利用這件事，做個心得分享，我認為人真的不要貪心！

出借自己帳戶可得一筆豐厚收入，被賣了都不知道，或號稱投資某項金融商品，可得投資報酬率 10%~20%（甚至更高）的假投資，這類型的金融詐騙手法層出不窮，但總是會有人前仆後繼上當受騙，原因其一在於人性的貪婪。覺得腳踏實地翻身速度太慢，到底要什麼時候才能出頭天？或者，因故一時之間對於誘惑沒有防範，於是陷入不肖人士精心設計的騙局當中。

**避免落入詐騙的陷阱，也是培養好信用不可不知的重要觀念。**請仔細想想，高報酬真那麼輕鬆好賺的話，為什麼曾經從事銀行業的 Jerry 不去賺那些錢？還在那傻傻做著大多人都覺得辛苦的餐飲業。古訓記載：「**滿招損，謙受益**」聰明很好，但太過於自作聰明，**難免要因自滿而招致損失。**

## 青創貸款計劃書怎麼寫？

花了一長段篇幅詳細解說答案「C. 申貸人與金融機構的往來紀錄良好」的前因後果。那麼選項「A. 創業貸款計畫書撰寫出色」怎麼辦？

隨著 Google 關鍵字查詢完善與 ChatGPT 崛起，申請貸款人可以透過網路查找資料與 AI 技術，將 ChatGPT 當作撰寫青創貸款計劃書的小幫手，把符合自家創業規劃的內容，結合 AI 適切地寫進計劃書格式中。

**其實青創貸款計劃書不難寫，花一點點時間用功，計劃書是可以靠自己完成的**。而且，創業者透過親自撰寫有個好處，從頭想一遍，包含查找參考資料的過程，照著計劃書執行創業之業務，會知道申請下來的貸款用在哪些地方，易於掌握財務狀況。落實的具體目標，結果是否有和計劃書原定一致？如此，在經營時就比較不容易迷失方向，才不會因追逐業績，修改目標，而忘了原本創業要做的項目。

最後，還有一個選項「B. 預計還款年限越短越受銀行青睞」，這是用來混淆視聽的。銀行不太會因為還款年限從五年縮減成三年，大方給申貸人優惠利率，最終還是會以信用狀況做為銀行判斷時主要的評估依據。

# 結語

在寫本書時，我照我們多年的創業印象先寫了篇初稿，我從小白歷程出發，一路寫到餐廳老闆娘的經歷，接著再讓 Jerry 以他過去的專業知識修訂。遵循作者著作應考量內容嚴謹，Jerry 專門致電給多年不見的朋友，現任銀行企業貸款部主管，詳細請教近期的貸款條件、放款規定是否有哪些變化。我開玩笑的跟 Jerry 說：「我覺得寫完，我都快可以去銀行應徵貸款專員了。」

如果不是因創業經驗，為了培養良好信用、為了公司資金運轉、為了餐廳擴大規模，為了著作這本書，大概率我沒想過會主動學習細部的金融相關知識。創業這件事的確很有意思，我覺得它就像導遊，在每段要解決問題的旅程中，帶著我們到不同地方 Long Stay，見識不同的人文、領略不同的風情。但無論與誰相識、去到哪裡、從事何種工作，**最棒的名片就是「信用」這張，銘記在心，那是人一生中最重要的名片。**

---

註1 〔財團法人金額聯合徵信中心〕宗旨、理念與服務項目說明：本中心目前應適用銀行法第四十七條之三、銀行間徵信資料處理交換服務事業許可及管理辦法及財團法人法等法令。

# ◆ 1-5　爆紅，
# 對創業一定是好事嗎？

> 從今日起，讓我們先深耕爆紅的底氣。

在寫此篇內容時，發生了一件有趣的事，我和 Jerry 爭執不下的討論著「爆紅」的定義。

他說：「能爆紅，為何不？問題是自己幾斤幾兩重不知道嗎？」

我想說不對呀，那不就是要鼓勵人不擇手段？如果我今天家財萬貫、勢力龐大，我就能為所欲為，為了「爆紅」無所不用其極，是這樣嗎？你看，曾幾何時「爆紅」被我直覺歸類到貶義詞去了，但 Jerry 想講的不是現代人所謂的「爆紅」，他想說的是像我們熟客的一個故事。

JK STUDIO 有一位非常照顧我們的 VIP 熟客 - 游安順大哥（以下簡稱順哥）。

順哥是演藝圈重量級資深前輩，出道四十年，曾榮獲金鐘獎與台

灣影評人協會獎的最佳男配角、男主角獎項肯定。

當時 JK STUDIO 台北信義店開業沒多久，Jerry 親力親為自己顧店，順哥看這年輕小伙子忙裡忙外挺是勤懇，服務客人親切有禮，因緣際會後來順哥成了我們的熟客，時常受到順哥的照顧。而順哥的演技，在演藝圈中自是不在話下，無論是電影、電視、舞台劇常常都能看到順哥出神入化、精湛細膩的演出，代表作不計其數，但最讓 Irene 有感的不只大螢幕作品，還有以下這件事。


## 台上一分鐘，台下十年功

2021 年，JK STUDIO 義法餐廳 - 桃園華泰店剛開幕，我希望能為這家店拍攝形象影片做為第一波宣傳強打，找來影像製片公司，開會討論後，導演建議我拍攝一家人和樂溫馨的用餐畫面。當時，我腦中閃過無數朋友的身影，但最終都不適合，巧婦難為無米之炊，形容我當時的心境再貼切不過了。

Jerry 問我，還是我們問看看順哥？我說怎麼可能，我們這樣小咖哪裡請得動影帝，我當時是連想都不敢想。後來，Jerry 看我提的建議人選都不太恰當，於是，他厚著臉皮請問順哥，沒想到，順哥答應了。我內心激動的，我的老天！心想我們是上輩子有拯救地球吧？居然這麼榮幸能夠邀請到順哥願意幫忙我們拍攝餐廳的形象影片，我眼眶泛紅，對順哥一家人感謝再三。

日子過得很快，時間來到拍攝當天，那是我第一次看順哥現場演

出。從頭到尾，我人就在他們旁邊都沒走開，但我竟然看不出來順哥什麼時候開始、什麼時候結束，驚訝之餘，想說：「啊！結束了？」怎麼會這麼自然，順哥完全沒演啊！鏡頭前，順哥是那麼自然地吃著飯，鏡頭後，他也是一派輕鬆地跟我們聊著天。雖然我們非專業演員，不能真正理解什麼是演戲，但那次我看完的感受是，原來實力派演員根本不演戲。順哥在鏡頭前後，行雲流水的感覺，著實太讓人佩服了。我對人家台上一分鐘，台下十年功的專業水準，震撼不已，而那支影片順哥的演出時間，正好就是一分鐘[註1]。

Jerry 提起這段往事，他說：「順哥出道幾十年，拿獎的時候，媒體大篇幅報導的時候，那種『爆紅』妳會形容他什麼？」我不假思索的回答他：「實至名歸呀！」

「那就對了啊，能爆紅，為何不？重點是人家耕耘了多久？付出了些什麼？」Jerry 接著說：「**爆紅要有底氣，不是看人家這個好賺、那個好做，就認為自己也能擁有那些成果，然後就跟著一窩蜂模仿著。**」

去過澳門旅遊的遊客大多曉得葡式蛋撻始祖－安德烈餅店與後來的瑪嘉烈蛋塔，兩家都是生意興隆，遊客總是大排長龍。但引進台灣後，大家忘了遊客造訪澳門吃蛋撻，除了它本身的美味之外，相佐體驗的還有當地的人文風情與長年的歷史故事，讓新鮮出爐的葡式蛋撻，變得讓人更加愛不釋手。

為什麼台灣的「蛋塔效應」後來變成眾所周知的貶義詞？就是只

看到了別人如何好賺、如何好做，一窩蜂的追求速成。說真的，就算一夕爆紅、一夜致富，終究還是會因為缺乏底蘊而守不住。

再舉例一個故事，讓讀者更加明白，我是如何從速成中徹底覺醒。

## 流量不只是數字，更是責任

在社群普及的年代，人人都有話語權，想要一夕爆紅、帶來流量並非難事。但以創業者來說，如何細水長流與逐年成長，是我們每天努力鑽研的課題。其中，需要花費大量心力去增強的專業領域知識，各行各業新知訊息，人際網絡建立培養，光是涉獵忙活這些都來不及了，如何有時間去企劃爆紅？

如果有人問，不是說要掌握流量密碼，轉化為業績嗎？

◆◆◆

**流量固然重要，但更為關鍵的是，如何負責任地處理這股流量。**

如果自身沒有底蘊，比方說：知識水平缺乏、技術含量不高、認知思維從未提升、平時不習慣積極主動，爆紅可能在短時間內為某人或某單位帶來極大的關注，但同時也可能引發不可收拾的風波。因此，在追求爆紅的同時，**創業者應該更加謹慎地思考兩個關鍵因素：責任與內容。**

我們明白，當生意遲遲未見起色的時候，人會焦慮、著急、會想要嘗試多種解方，「要走捷徑嗎？」、「跟風會不會更快？」這些我們都經歷過。

2016 年，JK STUDIO 剛開店沒多久，一向負責行銷與社群經營的 Irene，曾被網友留言批評過：「俗不可耐！」到底發生什麼事，讓網友如此憤慨？

創作內容是一件非常耗費心力的工作，無論是圖文或影音。**小編的職務實際上是在替品牌傳達溝通訊息給粉絲與潛在顧客，並非純粹的製造內容和跟風追逐流行。**

以前我時常深夜還在想文案，印象很深刻，有一次半夜三點，我一邊爬文參考資料，一邊拿著手機，在想隔天 FB 要張貼什麼內容，才會有人按讚、留言或分享？想著想著，眼皮不爭氣的愈來愈沉重，最後打起瞌睡來了。直到 Jerry 看到我拿著手機不停「點頭」，他溫柔地幫我放好手機，督促我早點休息，明天再想，躺平後我才真的「下班」。

但隔天我還是沒有靈感呀，怎麼辦？

於是我試著「走捷徑」，轉發內容農場文，這樣我就能日更，保持每日更新貼文的狀態，但這就是社群災難的開始。我雖然解決了小編工作上的難題，但骨子裡，我並沒有為我的粉絲著想。他們追蹤 JK STUDIO 有可能是顧客身份，因為喜愛我們的餐點、氛圍或服務，也可能是廣大的潛在受眾，為了想多瞭解這個品牌有

什麼值得他們追蹤的特色。

我當時資淺，換言之，既沒能產出知識價值，也沒能提供情緒價值，不能引發認同、無法產生話題，然後又一點也不好笑，真的好無聊，什麼都沒有。直到粉絲看我轉發幾次內容農場文，才終於受不了，留言「俗不可耐」四個大字給我。

到現在我依然很謝謝這位網友的提點，我覺得他講得真好！如果不是因為這樣，我可能還不知道我錯在哪裡。

之所以產出不了內容，就是因為學習不夠、吸收不足、體會不多，再加上我本身就不是創意尖子型人才，所以更加不容易產出靈感與創意。經過這件事後，我深刻反省並改良內容產出的品質。我開始報名學習各種與社群經營有關的課程，比如：IG、LINE、Google 經營、FB 廣告投放、文案寫作、美食攝影、影片剪輯 .... 等等課程，一般想得到的行銷課程，或多或少我都曾學習或接觸過。時常追蹤大型廣告公司為其客戶服務操盤的高流量 FB 帳號，瀏覽國內外米其林餐廳、最佳餐廳、五星級酒店所產出的圖文內容和影音內容，廣泛的涉獵，就是為了要掙脫沒靈感、沒創意的枷鎖。

結果，你猜怎麼著？

我奮力學習創意點子仍舊遠遠不如那些一流廣告公司的創意總監，我真的到不了他們那樣的頂峰。但是，我逐漸發覺，透過這些挑戰難關，我擁有了原創的技能、分辨內容優劣的眼光和掌握從小店走向企業的行銷觀念。

這條路，我足足走了七年以上，一路獨撐公司裡大部分的行銷工作，直到我們公司慢慢茁壯，有能力聘請企劃與小編加入 JK STUDIO 的團隊後，我才終於懈下小編身份，交棒給新進夥伴。爾後在公司內部建立「原創精神」，盡可能避免不適用的跟風文案與爆紅內容。另外還教育行銷夥伴們，初步的危機公關觀念，謹慎編輯任何公開貼文的素材。因為我認同最好的危機公關處理，就是品牌主有「預防意識」，盡量不要讓品牌身陷危機當中。而這些檯面下「客人吃不到」的付出與努力，都是我從速成中覺醒而來。

## 結語

夫妻倆初創開店，一天營業額只有幾百元的時候，我們遇過。JK STUDIO 要養幾十位員工，營業額掛鴨蛋的時候也經歷過。我深刻體會、完全理解什麼叫做「心慌」，但是，我們不能表現出來，因為創業是自己選擇的道路。**有流量也好、沒流量也罷，概括承受一切，是一路走來我們認為創業者訓練抗壓性的基本功。**

創業十多年，我們仍然朝著正向地最終目的前進，提高品牌知名度，擴大顧客基數，在市場上樹立良好形象，付出對員工的關懷，實現企業長遠發展。

> **我們深信只有負責任、符合正面價值觀的「長紅」，才能有助於創業成功，真正推動企業健康發展及穩定獲利。**

台上一分鐘，台下十年功，是我們創業經營餐飲事業以來，深獲啟發的體會，包含觀察許多成功人士的心得感想。天道酬勤，從今日起，培養、深耕能夠承載爆紅的條件，祝福你我都可以成為一個「有底氣」的人。

---

註 1　金鐘視帝 游安順（順哥）、心妤姐和游禮一家人共同出演 JK STUDIO 形象影片，觀看連結→

# 1-6 首次開店千萬不要做錯的幾件事

◆◆◆

**創業，活下去比什麼都重要。**

在撰寫本書思考此篇內容時，我們心中對於「不要做錯的幾件事」各自提出多個看法，關於人事、房租、位置、售價、金流、產品、口味 ... 等等，講起來好像各個環節都很重要，好難取捨。後來我倆將諸多想法逐漸收攏、聚焦，達成共識，希望能在此篇內容中，將我們的心法提供給讀者參考，在閱讀「首次開店千萬不要做錯的幾件事」之前，我們想跟你溝通一件更重要的核心觀念，那就是：想辦法活下去。

你知道嗎？很多新手創業者對於如何讓創業項目「活下去」沒有概念，但對於「我想做什麼」、「我想賣什麼」倒是滔滔不絕，但其實想辦法活著，和自己想做什麼、賣什麼，實質面來說是兩回事，我舉個例子讓你參考。

# 開店容易踩坑的範例

有一次 Irene 去一間街邊店買咖啡，當時店內只有我一位顧客，店員看我不趕時間的坐著喝咖啡，問我咖啡這樣可以嗎？來往幾句話，健談的店員開始跟我聊起他的咖啡夢，往後他也想自己開一家咖啡輕食店。我好奇順著他的話回應：「你住這附近嗎？想要開在哪呢？」他很開心有人願意跟他聊聊關於創業話題，於是進一步與我交談。

那杯咖啡我喝了兩個小時，聽著一位滿腔熱血想要創業的店員跟我傾訴他的咖啡創業計劃，包含：店要開在捷運站附近、要雇用幾個人手、要跟誰合資、要賣什麼產品、想要提供哪幾款精選咖啡豆給客人 .... 等等。比較可惜的是，這次談話中，**我沒有聽到他要用什麼方式經營，先讓咖啡店撐過半年、一年。**

我表現出我的禮貌，把店員話聽完後，我問了對方幾個問題：「你有多少資金？啟動金和預備周轉金各多少錢？你會算帳嗎？之後的財務是誰？你知道你的客人是哪群人嗎？這些人為什麼要買你的咖啡而不買便利商店，或其他有知名度的連鎖咖啡？」問完之後，他的臉上露出一抹尷尬的笑容，開始摸不著邊的各種自圓其說，這些回答自然是不能滿足創業營運順利的條件。

以下我們精選關於開店千萬不要做錯的三件事，不是說其它環節不重要，而是創業開店起步，如果避免踩這三個坑，之後的進展會助人信心倍增：

## 一. 千萬不要把啟動金和預備週轉金合算在一起，這是兩筆不同的金額

Jerry 的父親經商四十餘年，本身經驗豐富、見多識廣，私底下我們也時常請教父親關於商業的話題。在他的觀念裡，創業要有三到：「錢到、人到、技術到」足夠的資金運轉，對於創業來說，無疑是最重要的事。

**我們首次創業撐得非常辛苦，原因是小覷了預備周轉金的重要性。** 對於資金 Jerry 還算是有概念的人，但以前沒創業過，當還是創業新手時，不知道原來錢真的可以燒得這麼快！台灣俚語：「人兩腳、錢四腳」果真一字不差。啟動金花光了，預備周轉金在哪？於是開始東拼西湊的借錢，向朋友借、向親戚借、向銀行小額貸款，一點一滴的湊出錢來周轉。

剛創業時，大夥兒都是熱情滿血的，以為店開了就會有生意，以為個人想法如此之好，客人就一定會買單。但現實是，會計科目裡的「營業收入」與「營業費用」就像兩記耳光，它們會刮得讓老闆們徹底清醒並牢牢記住。

換句話說，錢多準備總是沒錯，但究竟要準備多少？這會依產業別與自身要創業的項目規模而有所不同，它沒有一定比例。但以我們多年的餐飲經驗來說：

> **預備周轉金在沒有任何營業收入的情況下，至少要能夠支撐六個月。**

以單店小型餐飲舉例，假設每個月店內人事、房租、管銷等費用需支出 30 萬元，那麼預備周轉金則盡可能不要低於 180 萬元。

創業者不要小看花錢的速度，賺錢的速度一般來說需要時間累積。剛開始的租金、押金、裝潢、設備購置、買貨備料這些都是一直在付出去的成本，短期內無法回收。如果我們不是加盟知名品牌，初期顧客也尚在觀望，對新店家、新品牌其實不太有信心。開店蜜月期一～三個月過後，親朋好友該捧場的都來過了，該幫你介紹的也都造訪了，**當面臨要靠自己時，營業收入呈現斷崖式下滑，實屬常態。**

所以，為什麼啟動金和預備周轉金是兩筆不同的金額，不能合算在一起，後者就是用來支撐生意不如預期時，為過冬而準備的。

## 二．千萬不要忽略數字和數據舉足輕重的地位

「平庸的管理者善用制度，高明的帶隊者善用數字。」這是我看線上會計課程時，向張明輝老師所學習到的金句。

回到上述咖啡店場景，我請教咖啡店員：「你會算帳嗎？之後的

財務是誰？」這個提問也關乎到創業開店能否成功。

舉例 JK STUDIO，Jerry 對數字、帳務、財報敏銳；Irene 則是對文字、圖像、設計有感，我時常形容我們在事業上是左右腦開弓。Jerry 就像 Excel，當我想知道成本或效益時，向他請教很快就能得到接近準確的回答，以利行銷策略展開，或被提醒某些方面要撙節開支。而對他來說，我像是 ChatGPT，他起頭或草擬一段話，我便可以完成以下所有文字段落，提供他所需之內容。

**無論是一人創業或兩人以上合夥創業，一定要有一位親信是負責會計財務**，當然盡量是創辦人自己對數字要有感，對現金流向掌握得宜，如此才不會錢透支了都還不曉得，是虧是賺都還一頭霧水。JK STUDIO 自始至今，能在市場上有一席競爭力，大部分要歸功於 Jerry 對於數字與數據的高度重視，而他也是用如此精神帶領團隊。

先聊數字，講個真實發生過的事。有一回廠商進貨一只圓形深鍋，報價單寫 2,000 元，送貨簽收單上寫 20,000 元，硬生生多了個 0，員工沒發現就這麼簽收了，直到 Jerry 驚覺為何兩千變兩萬？打電話給廠商詢問，所幸對方是重視信譽的商家，承認簽收單金額有誤，這才免去我司原本得多增加 18,000 元的成本，對數字有感等於對經營有感。

再聊數據，當人對數字足夠敏銳時，肯定也是個重視數據的人。不妨試著猜想看看，Jerry 和 Irene 誰更適合學習 FB 廣告投放或 Google Analytics 分析課程？當然是 Jerry。

往年他確實學習過整套的 FB 廣告投手班線上課程，對於老師講解廣告投放之各項數據表現與應用時，他的快速反應與高度理解力，讓我望塵莫及。因為我也學過，但我就不知道為什麼遲鈍很多，天賦有差。以此為例，如果經營者對 FB 廣告投放中的不重複連結點閱率（CTR）、單次連結點擊成本（CPC）、每千次廣告曝光成本（CPM）、廣告投資報酬率（ROAS），連這些最基礎的數據都渾然不知的話，壓根不曉得哪種廣告方案與素材內容，才是對增加來客與提升營業額真正有效。到底這個廣告方案該加碼投放呢？還是該即時停損？這些都會直接或間接影響決策。

◆◆◆

**所以說，重視數據等於重視獲利。**

如果說，創業者只想當老闆，數字、數據這些「小事」都交給別人打理也不是不可以，仍然有值得信任的員工和廠商可以合作，但這樣像不像一艘沒有任何先進配備的船舶，只單靠運氣在迷霧中航行呢？危機潛伏的程度不言可喻。

每個人的天賦不同，如果你目前只有自己一人，沒有適合的搭檔，又剛好跟 Irene 一樣對數字不那麼在行的話，**建議在創業前，至少先付費學習與「生存」最有直接關係的會計課程**，撥冗閱讀商管會計知識書籍，這樣強化內涵的準備，等同資金籌措之重要程度。

我也可以跟你分享，我製作的 Podcast 節目中訪問過許多創業家，

很多老闆都是靠本身在業內精湛的技術而創業成功，他們一開始都不會算帳，賺多少、虧多少完全不知道，是真的虧到見底、沒辦法了才清醒過來，才開始學習會計、讀懂財報，認識現金流量表、損益表和資產負債表。據多位老闆異口同聲表示，當實際學習會計知識後，對他們公司的經營果真大有益處。

所以，知識就是力量，不要輕言放棄！學習對數字、數據有感，這部分絕對值得你我花錢、花時間投資自己與未來[註1]。

## 三．千萬不要一時見獵心喜，看店面時，人潮不等於錢潮

先講結論，首先記住一個要點：

> 街邊店人潮不等於錢潮，商場的人流率也不等於提袋率。

開店租賃店面之前，大多數人會去場勘，這時候印證一句話：「內行看門道，外行看熱鬧。」外行就不多說了，反正憑感覺、靠運氣，曾經我們因為不會看門道而收掉一家店，慘賠三百多萬。

2015 年，在台北市南陽街新開一間叫做「百味坊」的新店家，販

售麵食，像是：冷麵、烏龍麵與鐵板麵，整體是「百味冷麵」的升級版，我們給它起個號，百味坊 1.0，平均餐點售價 100 元左右，綜合評價環境明亮、出餐快速、大碗滿意。新開幕初期生意非常火爆，每日正餐時間內用幾乎客滿，翻桌率大約有 2.5 次／餐，外帶也時常排隊，大家心想這次妥當了，幾個月過後應該可以調薪，甚至分紅。

連續數月計算結餘，的確是有賺錢，但扣除所有費用後，稅後淨利只有三萬元。晴天霹靂！生意興隆每天都人潮滿滿，但為什麼只賺三萬呢？分析原因後，發現租金與人事成本過高，而售價偏低，導致食材成本提高，Jerry 認為應該調整營運模式才有利於長遠發展，於是再次投入 150 萬元，改變裝潢、廚房設備，成為專賣異國料理的店家，並邀請擅長西餐的主廚加入我們，想要在台北市南陽街，做一家稍微有格調氛圍的店家。我們再給它起個號，百味坊 2.0，平均餐點售價 200 元左右，販售日式丼飯、南洋咖哩、台版拉麵 ... 等等，成本看起來合理了，但人潮也被嚇跑了！

我們當時對於商圈的洞察能力資淺，南陽街上班和補習的人潮，雖然有受到少子化影響，不如以往人潮洶湧，但飯點時間來往人潮生意尚可，於是我們簽下每月十萬租金的店面開了「百味坊」。

後來才發現，有人潮沒錯，但客人在南陽街主要活動是上班、上課為主，對於中餐消費大多節省花用，一餐 60 ～ 100 元的範圍是多數可以接受的價格區段，但此售價區段對我們生存不利，除非更換食材或縮減份量。Jerry 異想天開，想藉由改變裝潢、提升內

容與品質來吸引顧客，沒想到這次的策略慘遭滑鐵盧。

產品與氛圍是有變得精緻一些，但顧客覺得太貴了，一餐平均售價高達 200 元，客人不是消費不起，而是，他們大多不願在上班、上課的地方花那麼多錢，多數覺得中餐吃得飽就好，下了班、下了課想轉換心情，和同事朋友相約其他地區的餐廳好好放鬆，花費個 600~1000 元以上也沒關係。**總之，在錯誤的賽道上，再怎麼努力奔跑都是徒勞無功。**

我還記得百味坊歇業的最後一天，我和 Jerry 蹲在櫃檯下方收拾器具，外頭熙來攘往的人們沒看見店面裡有人，突然一句話如雷貫耳，一位女學生大聲嘲弄著：「吼！這家終於倒囉！」再怎麼堅強，當聽到時我還是不免鼻酸。

所以，有人潮不等於有錢潮，回首當時，其實我們一開始的方向或許是正確的，只要調整餐點內容與縮減人事開支，讓售價符合商圈主要客群需求，薄利多銷以求生存即可，著實不用大費周章搞那麼多事，只不過那樣不是 Jerry 想要的未來。人生往往就是造化弄人，一個付諸行動的普通想法，要比成千上萬個不去實現的天才想法要實際的多。

## 結語

如果當時在南陽街 Jerry 沒有想過「提升」這回事，也不會有現在的 JK STUDIO。雖然帳面上虧了三百多萬，但是到現在，**我們很**

難用成功或失敗來評斷百味坊，因為在嘗試提升的過程中，我們接觸、學習到更多新知識，開啟了新視野，為 JK STUDIO 栽種根苗、奠定基礎。衷心感恩在南陽街那兩年的開店經驗，讓我們對於之後展店開發、商圈考察有了更多、更仔細的審慎評估，也讓我們有機會寫在本書中與你經驗分享。

---

註 1  推薦書籍《大會計師教你從財報數字看懂經營本質》、《大會計師教你從財報數字看懂產業本質》作者張明輝會計師。

# 創業者應該親力親為到什麼程度？

◆◆◆

**創業者要為親力親為制定時間表與成績單。**

## 在待產室的那一天

炎熱的夏季，從淡水開往關渡大橋的道路上排滿櫛比鱗次的大樓，建築物外牆的冷氣室外機不斷散出熱氣，沿途看上去彷彿海市蜃樓。

此時，一輛黑色轎車飛快疾駛在道路中，駕駛心急如焚拿起手機，撥通電話說：「貨怎麼還沒到？妳可以幫我打電話給廠商問司機什麼時候到嗎？」Jerry 急的說。

「幹！你瘋啦！我破水耶，我都快生了！」躺在病床上陣痛哀嚎的我，忍不住拿著手機對著 Jerry 脫口而出難得的國罵。

「我正在要過去的路上了，啊 .... 啊 .... 那怎麼辦？剛生意爆了，貨還沒來，晚上工讀生沒東西賣給客人啊！」Jerry 左右為難的不

知道該怎麼辦才好，因為平時叫貨、簽收、理貨大部分是我在處理的，雖然生產前我早已安排好，但當天司機還是遲了一會兒，讓 Jerry 不禁心急。

「我問一下啦！等一下回你啦！」我很生氣掛掉 Jerry 的電話。

於是，忍著羊水流出，即將生產的劇烈疼痛，屏住呼吸、壓低聲音、裝作若無其事的樣子，撥了通電話給廠商：「喂，我是百味冷麵，請問司機什麼時候到呢？貨還沒來。」我敢保證對方一定聽不出來，我正在待產室快要分娩了，這演技應該可以角逐影后了吧（無奈苦笑）。

客服回覆：「等一下，我查一下。」此時電話那頭響起音樂，我心想，拜託！你快一點。

聽著那平時再熟悉不過的音樂旋律，我的臉部表情都已經扭曲成一團，呼吸亂了節奏，一隻手抓握病床旁的欄杆，蹙眉抽搐並呻吟著：「啊～～～～～～」。

突然音樂停了，客服說話了：「司機說他快到了，今天貨比較多，妳再等一下，他快到了。」我瞬間影后上身，假裝很正常、很有禮貌地跟對方說謝謝，然後結束通話。

再度回撥給 Jerry：「司機快到了，他說今天貨比較多，你跟工讀生講一下。」

掛完電話沒多久後護理師走進來，手伸進我的陰道內，測看看開幾指了[註1]：「三指多快四指了，快差不多囉，妳先生什麼時候到？」

天啊～～～測完開指我已經痛到想揍人，禁不住淚水潰堤，虛弱的回答：「他 .... 快到了。」

一個人在待產室，繼續忍受越來越頻繁的宮縮與陣痛，那種感覺是呼吸都覺得痛。霎時，我覺得瘋了的人不是 Jerry，是我！完全不知道人的極限可以發揮到這種程度，誰會在破水快生小孩時，幹這種事？

大約一個小時過後，Jerry 隨著護理師把我一起推到產房。在另一片極端痛苦的哀嚎聲中，突如其來一種如天使之音悅耳的寶寶哭聲，儘管我是如此地疲憊不堪，但當下幸福與滿足卻難以言喻。

幾分鐘過後，護理師將看起來皺巴巴、紫紅色的小 Baby 抱貼近我胸口，這個小天使輕輕地呼吸著。我忽略了剛剛生產時所經歷的一切苦難，也不在意分娩時因為不當使力，導致整張臉微血管爆裂的醜態，只覺得眼前這一刻都是值得的。我們當天的工作日誌與第一個孩子出生的喜悅交織，這種刻骨銘心的體驗，我永遠記得！而這就是創業者親力親為的真相。

## 技多不壓身，親力親為是培養通才的捷徑

從啟動創業的第一天起一直到現在，我們都還在親力親為的範圍中沒有跳脫，只不過每個階段的工作內容不一樣。

以前剛創業，資金有限也還沒開始獲利，請不起正職員工，為了

開源節流，什麼事都得自己來。進貨理貨、備料出餐、招呼客人、清潔打掃、各種行政財會瑣事通通自己來，什麼換燈泡、通水管、修水龍頭這些都是小兒科基本功，就連客用馬桶堵塞，臭氣沖天，我們都得拿著馬桶吸盤第一時間去搞定那顆馬桶。

開店裝潢期的時候，最早 Jerry 為了省工人的錢，把自己當半桶水技工（接近學徒的意思），跟著裝潢師傅在裝修門店內忙進忙出，幫忙接電、鑽孔、刷油漆 ... 等等，他果然做什麼像什麼，當時穿著吊嘎和工作褲，滿身灰泥的樣子，去拍電視劇《做工的人》也毫無違和感。整整超過十二年，Jerry 都身處第一線，掌控開發、門店運營、人事管理、財務金流和整理報表 .... 等等。

我們聽過不同意見，曾有新手創業者說：「這不是我該做的事，我是老闆。」

三、四十年前，許多傳產老闆的確可以靠著人脈、技術和業務手腕拿到訂單，踩著改革開放的風口昂首起飛，大賺時代的紅利，老闆很容易被神話至高不可攀的地位。

今時不同往日，所謂的老闆不一定是優良企業家、不一定是產業領軍者，老闆兩個字說穿了已經無法和地位劃上等號，更多員工、客戶、合作廠商和粉絲支持者，他們更加期待的是：「你這老闆有什麼能耐？」這是個不爭的事實。

家境優渥的員工很多，外出求職只為了讓家人放心「我有份正當工作」，我沒有在家遊手好閒；品味高級的客人更多，他們想知

道這筆消費有哪些價值；合作廠商想要知道這家公司的錢景與前景如何，貨款能否準時收到、未來有沒有合作的機會；粉絲支持者們想了解這個老闆（或品牌）值不值得他們花時間關注？

身為創業者，我們從親力親為中學習經驗、練就技能。老闆的一舉一動其他人都看在眼裡，無論他們懂不懂，至少 Google 一下，很快就能查到此行業的相關知識，如果本身沒有過人技術、沒有雄厚資本、沒有人脈背景、沒有特殊觀點，**甚至連學習的主動性都缺乏，創業這條路只怕越走越艱辛，因為很快別人就會找下一位替代你。**

舉個例子，JK STUDIO 有個不為人知的強項，那就是「裝潢」。

剛剛說到，早期因資金缺乏，Jerry 常常跟著裝潢師傅泡在案場（意思是裝潢現場）裡一起工作，多年下來，無形間學到許多裝修技能、水電知識與材料應用。商業空間的裝潢建材、廚具設備、軟裝傢俱各種品項的比價與耐用性，Jerry 大多了然於心。因為付出比其他業主更多的時間，探究這些行業的門道，所以與廠商合作起來效率更高，溝通成本也大幅降低，當然，價格信息差這方面，我司自然就比較佔優勢了。（關於更多裝潢內容，請詳見 3-2 打造最佳餐廳裝潢，你最應該注意的事）

講個趣事。

有一次台北信義店改裝時，水電師傅忘記帶某些材料，導致案場沒有燈光。Jerry 說：「等我一下。」然後拿了顆燈泡，拉了一條

不知哪來的電線，燈泡裝上去後，亮了！馬上有燈可以工作。和 Jerry 認識多年的水電師傅虧他：「你也拜託，留口飯給人家吃好嗎？！」Jerry 笑得合不攏嘴。

另外，我們長期深度合作的對象還包含：工班、統包、商業空間設計師、平面設計師、商品攝影師、藝術顧問 .... 等等，所以在視覺呈現上，可以自信的說：「JK STUDIO 出品，必屬佳作。」

◆◆◆

**大家可能聽過一句話：「沒傘的孩子，才會努力奔跑。」**

有上述這些能力，其實都脫離不了親力親為的這層關係。

## 為不同階段的親力親為規劃時間表

JK SUTDIO 的前期 Jerry 校長兼撞鐘，老闆兼任店經理，所以那時候生意還不錯，許多老顧客都願意時常前來捧場支持。

我們熟識的行銷老師小黑老師某回跟我們說：「我希望下次不要在店裡看到你們了。」

滿驚訝的！因為沒聽過這樣的提點，但我非常感謝他願意這麼直白跟我們勸告。想想也是，如果因為人很難請，老闆就一直卡在

現場服務客人，那誰來謀略思考下一步該怎麼走？

後來，Jerry 在台北信義店營業額到達損益兩平的時候，剛好桃園華泰店的展店計畫也塵埃落定，天時人和的時機點一到，Jerry 開啟招募，積極聘請內外場工作夥伴，包含副主廚、廚房人員、店經理、副理、領班、儲備幹部等等職員，為第二間店的人事佈局，全力徵才。

**所以，創業者可以親力親為沒有問題，但得有個時間表，**三年後、五年後甚至十年後的商業計畫是什麼？此時此刻的親力親為目的是什麼？或者是，在這段時間想得到哪些成果？把這些想法記錄下來，慢慢地就會構成商業計劃書的雛形。

疫情解封之後，我們的工作內容明顯和疫情前更加不同，專人專職，分工明確。外場第一線的業務交由店經理負責，內場管理交由廚藝總監主理，總部和整體營運則由公司負責人 Jerry 全權掌控。

身為老闆娘對這種專業分工，我一開始最不習慣的事情是居然不能接電話！老闆娘不能接電話、不能做現場的事，什麼意思？我來解釋一下。

以前只是一家店的時候，在店裡電話一響表示客人要訂位，我當然是趕緊去接起來，現在我去到各店我幾乎不會幫忙接顧客的來電，也絕對不能幫忙送餐，三個原因：

**1. 當體制與班表明確時，我和 Jerry 早已不是現場工作人員。**

當然我們可以幫忙一些小事，但我們不是出現在班表上的夥伴，故接聽電話、送餐加水、指揮內外場工作人員，這些都是不可以的。而且我們也沒有穿制服，幫忙他們作業無疑是好心做壞事，反而有損餐廳形象，看起來很不專業。

那如果看到需要改進的細微處，該怎麼辦呢？

**必須透過當班主管、店經理或主廚，請他們去加強管理及改善，老闆和老闆娘不能直接插手**，一方面會使基層員工手足無措，另一方面會使主管們有相當的挫敗感，認為我們不信任他們，對於團隊士氣沒有幫助。

**2. 餐廳電話響了就響了，會有現場夥伴接聽。**

如果大家在忙，除非請我們幫忙接聽，否則老闆與老闆娘最好不要接電話。

因為我們長時間沒有在現場與工作夥伴一起上班，不知道他們接聽電話的流程是什麼，小心越幫越忙！客人訂位會透過網路平台系統或再打一次電話。所以像我剛開始雖然很不習慣不能接聽電話，但我必須改變我原本的心急，害怕顧客流失少一個訂位的緊張感，這些心態都需要給自己一點時間來調整。

### 3. 都創業十幾年了，如果我和 Jerry 還在現場做第一線工作人員的事情，那我們是不是該檢討一下這些年都在做什麼？

是不是沒有成長、是不是沒有思考未來，以至於每天都杵在門店裡，日復一日原地打轉？

## 結語

雖然我退居幕後專心行銷多年，但創業前期的那些現場工作，與廠商交涉、叫貨、交貨、理貨的經驗，讓我直到現在，只要看處理貨物的流程，就能看出該店人員作業邏輯與管理能力的優劣，因為在錯的時間點就會做出不正確的事情。

比如：正餐時間，內場忙碌，爐火溫度高，部屬在一旁修肉，主管卻漠視，那就是在錯的時間點做不正確的事情，一眼就能看出哪個環節應該要再優化。

台灣某上市公司的老董創業四十年，正式退休前還在當導師上課，積極栽培接班人。所以，親力親為不是要人從創業到退休什麼事都自己來，而是，我們在哪個時間點，規劃並做對了哪些事情。

**鼓勵你為親力親為制定一張專屬於你的時間表與成績單**，不要和別人做比較，因為只有你自己才能主宰你的時間。

---

註 1　開指的專業術語為「子宮頸口擴張」。孕婦自然產分娩時，子宮頸會逐漸被撐開，一般說法以開 5 指 ( 約 10cm 寬 ) 和胎頭下降即可生產。但這並不是一個固定的規則，最終，生產的時機會受到多種因素影響，包括母親和嬰兒的健康狀況、宮頸的準備程度、子宮收縮的頻率和強度等等，正確應以婦產科醫生診斷為準。

# 第一次人員管理與培養，你該注意的事情

老闆總是要經歷過天真的階段，才會明白企業不是家。

我們和不少的創業者一樣，相信大夥在一塊兒都是這個「大家庭」的一份子，希望一家人其樂融融的工作著，想像起來是挺美好的畫面。後來發現這想法根本不自量力，說起來也有點不切實際（錢都還沒賺到呢！），那是種對於企業「家」的誤解。

以前想法很天真：「我們要好好對待員工，希望員工在這不僅能工作賺錢，也能收穫成長。」後來深刻反省，當初到底在想什麼呢？得了吧我們！能照顧好自己就不錯了，還真把自己當回事！（尷尬的笑）

多次連續開店的經驗，在人事管理上，早期我們並沒有明顯成長，以前店小、人少，手頭上也沒有什麼資金，資源最多的就是真心

了。自然而然採用「情→理→法」，第一順位先從人情管理開始，實行待員工如家人般的思維與方式。人情管理是那時我們有把握可以努力的方式，所以在能力範圍內，我們盡力對員工好，結果反倒招致身心俱疲，像是被一桶桶加了冰塊的涼水潑至清醒為止。

再進一步地說，創業十多年來，我們並非是在哪個時間點突然地覺察與改變，**事實上是經過無數次失敗的人事處理，才有今日的心得：「原來公司不能是家，原來同仁真的不能當成家人。」**我們被環境逼著成長，在 JK STUDIO 面臨需要全面提升品牌競爭力與拓展公司規模之際，下定決心痛定思痛，Jerry 和我走向杜絕「家文化」之空中樓閣的幻想。工作上，我們力求和夥伴們培養良好的團隊默契，但下了班，大夥兒不是一家人。因為倘若我們不去改變自身的心態與作法，可能很快地整間公司會在這市場上徹底消失。

## 有些人情的苦，你必須吃過才知道

有關小型店家的人情管理，我貢獻一個難以啟齒的過往故事跟大家分享，曾經在許多工讀生眼中，我是個非常討人厭的老闆娘。

2010 年，我們在淡江大學周邊的大學城創立「百味冷麵」，因地理位置關係，當時前來應徵的工讀生大多是淡江大學的學生，其次為真理大學及台北海洋技術學院，錄取者以女學生居多。

你知道嗎？當整個店裡的工作夥伴都是年輕女性時，帶來了一個

很大的優勢，那就是生意會蓬勃發展。原因有兩個：

第一，在我們的店裡，女大生們的風姿容貌與細心程度出眾，這是我們當初的幸運所在。有幸遇到許多聰穎的女孩子，她們在工作上表現出色、給力，對於我們幫助很大。

第二，執行標準作業流程（SOP）。Jerry 對 SOP 的理念根深蒂固，這和他以往的工作經驗有關。即使當初只是一家小店，工讀生的數量也僅十來位，他仍然以生產線的思維來制定 SOP，他像帶領整個部門一樣，積極實施員工培訓，而這些女孩們的學習能力表現得令人印象深刻。

但凡事總有正反兩面，整間店女孩子一多，缺點就是人際關係稍微複雜，翻譯成白話就是心眼比較多。一家小店像個小型社會，這非常考驗老闆們的耐心與智慧來解決各種人情管理的問題。我還記得時常收完店，Jerry 要扮演心靈輔導張老師，為同學們開導，幫忙調解女孩們間的心情不美麗，或者為工讀生們解釋各種他們對於店內工作上的種種誤會。透過這種日復一日的人情管理，才得以留才。

**人情管理或許可以在創業初期、規模迷你之時，發揮團結感與向心力的良好作用，但需要付出巨大的「時間」與「耐心」成本。**恰巧那時是創業的前期，我年齡尚輕、資歷尚淺，管理才能嚴重不足、耐心程度缺乏，無法妥善處理那樣的衝突與心結，曾一氣之下解雇大部分員工，心想：「我跟我老公兩個人也可以，妳們明天都不用來了，都給我滾！」當下氣都氣死了！不過老實說，

那種盛怒之下的不智之舉，我到現在都還引以為戒。

其中一女孩在離職前為了惡整我這討人厭的老闆娘，曾表現驚慌失措的模樣，跑來跟我說：「老闆娘，湯裡有蟑螂！」

我認真相信了，把剛煮好，多達 8000c.c. 的原味湯頭整鍋倒掉，後來才發現中計了！OK…Fine…我不能怎麼辦，只好重新再煮一鍋湯，但確定的是，在員工面前把湯倒掉是最明智的做法。

各位老闆、各位主管，這個故事告訴我們，當規模還小、底氣不足，嘗試用人情管理，感情好的時候和夥伴們真的是很麻吉，但翻臉的時候，一定要堅定的告訴自己，忍著點！咬緊牙關、努力賺錢，改變自己，提升情商。吃不了自我進化的苦，就得吃別人餵食的苦。

## 擁有被討厭的勇氣，不能期待別人和自己想的都一樣

十多年後，員工多了、變成中小企業後，那位討人厭的老闆娘有什麼不一樣嗎？我講個故事。

曾經我口氣較為嚴厲，指正主管處理與食品衛生有關的問題，那是一項需要被改善的缺失。但這位主管認為那不是他造成的錯，衝動回應我：「妳是以什麼樣的角色跟態度在詢問我？」

我暈！瞬間我的理智線斷掉被天使與魔鬼拆成兩半，魔鬼的那一

半，我沒能控制內心火山爆發；天使的那一半，正在理性思考要怎麼快速解決問題達到結果。雖然當下怒髮衝冠，但我只能忍住負面情緒，以解決問題為優先。團隊成員大家來自四面八方，不見得每個人的工作經歷都一樣，我們只能在管理和溝通上盡其所能，讓同仁知道食物不光是出餐後給客人吃的這段路而已，還包含整體的呈現方式和食用期間的衛生問題，一次又一次的說明、教育，使其運作順利。

回到事情本身，我的目的是希望力求完美，使缺失盡快被改善，而不是要讓任何人尷尬。我換個迂迴的方式，請 Jerry 來處理此事，使其缺失在最短時間內獲得優化，順便讓 Jerry 知道有哪些地方是需要再度教育訓練的。我曉得 JK STUDIO 大部分的同仁，都是願意在工作上和我們一起努力的人，這點我們很幸運。**但經營一個品牌並沒有想像中那麼容易，不是畫個 Logo 就是品牌，不是蓋間漂漂亮亮的餐廳就是品牌。任何不起眼的疏漏都代表著公司管理力度的水平，以及顧客對品牌的觀感與消費意願**，這些全部都是環環相扣的。

事後，主管自己也覺得很不好意思、太衝動了，於是被指正的問題很快地得到改善，我要的目的達到了。不明就裡的同事，他們不用為品牌負責任，只要做好份內事，但 Jerry 和我不行，Jerry 背負著員工的期待，每個人都想要年底分紅、月領獎金、升職加薪，連帶的在品牌運營上，**我們寧可承擔被討厭的勇氣，但無法讓苦心經營的品牌，發生低級的疏漏，損害大家應得的利益，這就是情理法中的「理」。**

至於，針對職場的心態，Irene 有兩階段的轉折。一開始我總是顧慮，誰誰誰會不會討厭我？某某某會不會因為我這樣要求而生我的氣？前怕狼、後怕虎，標準小白兔一枚，生性較為膽怯。後來不知怎麼地像變了個人似的，曾經好朋友問我：「妳變得跟以前不一樣了，但那種感覺又說不出來。」我猜，那股強勢的氣息被察覺，或許是創業後的經歷與環境使然，為了想要強大，我試著改變自己，長期訓練內心不能怕事的心理素質，年復一年地打磨。

強勢有強勢的優點，但處事難免不夠柔軟。後來轉念，我和自己對話兩件事情：

- 第一，我是誰不重要，重要的是大家目標一致、使公司發展順利，其他的事都是小事。

- 第二，不該用同一套標準來期待別人和自己一樣理解這個世界。

而且我也不能保證自己每次都是對的，事實上我也確實常常少一根筋，說錯什麼話、做錯什麼事自己也沒察覺，不是嗎？

◆◆◆

> 在創業和經營品牌的路上，人會隨著環境而改變，尤其當公司發展越來越具規模時，我和Jerry在心態上則越縮越小，直到無我。

不是說我們沒有主見、沒有堅持，像食品衛生這種事情當然就無法妥協，其他就要看和什麼事做比較衡量了。拿捏心態這種轉變是很自然而然地發生，也許是經歷使然，也許是年紀漸長，也或許是在創業的路上認識的社會賢達越來越多，發現和其他創業家所遭遇光怪陸離的事件比較起來，我們只能是小巫見大巫，也或者根本不值一提。

## 不要只會找問題，你的解決方案是什麼？

Jerry 曾說：「能夠帶領團隊大塊吃肉、大口喝酒的人，公司願全力支持，當 CEO 都沒問題！」

如今 JK STUDIO 規模來到約莫 50 人的中小企業，人情管理已無法滿足企業之需求。

> ◆◆◆
>
> 這時我們每天都需要判斷是非，理性處事，依循「理→情→法」的順序，而不再是情、理、法。

在中型企業的這個層級，如果開口閉口都講法、照規矩走，那太硬了！少了人情味，同仁之間一板一眼的也缺乏彈性，對於合作沒有太大的幫助。經由這些年的實證，在現階段的人員組織發展上，Jerry 把「理」放在第一順位。工作時大家好好講理是有效果的。

同理心思考，你有沒有發現，不管身處哪個組織，總有一些人喜歡閒言碎語，尋找別人的缺點？他們口若懸河像是柯南般擅長找出問題，卻往往無法提出更好的解決方案，要他們動手做，卻又一籌莫展，讓人傷腦筋。這樣的弊端時常發生，因此我們積極倡導在公司內部培養一種「用實力證明，拿結果說話」的做事態度。

大家為了工作進步以及團隊的效率而努力，當然隨時歡迎提出問題。但是，提出問題者應該是相關案件的負責人之一，我們期望他們不僅僅只是提出問題，還要附上一至兩個解決方案，而不是只有空口言論。**挑毛病很簡單，解決問題才是真本事**。如果提案者對於哪個環節感到不滿，那就表示他們已經思考過，認為有更好的方式。總之，不是你說服我，就是我說服你，共同檢視哪個方案更有利於公司獲益，哪個道理更加站得住腳。如果方案可行，就立即付諸實行。

職場上的工作夥伴形形色色，我們認為難以單單只用好人與壞人來做區別，這樣的二分法顯得不夠客觀。

◆◆◆

> **但是，唯有目標一致和價值觀雷同的人，才會有緣走到一起成為團隊。**

JK STUDIO 現在的階段，想要尋找的是志同道合，能夠一起共創未來的工作夥伴。我們也期望大家相信我們長年以來的奮鬥，Irene

認為就算夥伴不知道我們的過往，但多多少少也能感受的到那份努力，並且看得見成果。

| 項目 | 內容 |
|---|---|
| 理 | 定義：在工作和組織管理中，首先應該講求道理和理性處事。<br><br>應用：中型企業的階段，理性思考和講理應放在第一順位。大家在工作時應該理性地討論問題，做出對公司最有利的決策。 |
| 情 | 定義：人情味和同理心應在組織內部得到適當體現。<br><br>應用：即使在理性處事的基礎上，也強調人情的重要性，特別是在中小企業的管理中。團隊中的人際關係需要平衡，避免過度硬性規範，以保持合作的靈活性和溝通的順暢度。 |
| 法 | 定義：遵循法律和規章制度是組織管理的重要基礎。<br><br>應用：隨著公司規模的壯大，可能會進入「法→理→情」的順序階段，但在當前的中小企業階段，或者部門團隊，「理→情→法」仍然是最適用的順序。 |
| 結論 | 目標：無論是什麼順序，最重要的是尋找志同道合、價值觀相近的工作夥伴，強調理性思考、人情管理與法規遵循的平衡。 |

「理→情→法」的順序在此提供給讀者們參考，中小企業既要講道理又得有人情味，還要兼顧規章制度與法律條文。以前，我們可以因為創業剛起步缺乏資源，而把時間精力擺在人情管理，但

往後，我們要為品牌長遠的發展做規劃，尋覓適合的人才，持相同理念的人我們再一起合作，否則夥伴之間大家不要互相勉強。成年人的世界，「選擇」是最好的解決辦法。

至於，未來組織持續壯大，其順序會不會改成法→理→情？Jerry 表示，雖然我們還沒有走到大型集團那一步，但是過去他在銀行的工作歷練給了他一些啟發。公司總部落實「法→理→情」順序，無疑是對的，但是，總部以下的各個分行，如同一家家獨立的中小企業，「理→情→法」的順序仍然適用。大概率不會因為組織變成大型集團或上市櫃公司，就非得要在各部門間，硬生生地把法律搬到最前面。除非特例，遇到需要立即以法規處理的事情，否則，企業以人為本，身為品牌創辦人 Jerry 對這觀念仍然非常重視。若是有朝一日 JK STUDIO 爬上那樣的位置，屆時我們再來和大家分享做法與心境。

## 結語

《史記》：「天下熙熙，皆為利來；天下攘攘，皆為利往。」唯有悟透這句話，我們才能沉著冷靜判斷情理法、理情法、法理情的階段順序和應用場景。

而「有些苦你必須吃」這句話是我們認識的一位創業家前輩給予我的忠告，此哲理對我們來說相當受用，時刻提醒個人收斂不恰當的情緒，才能精實團隊的力量。縱使這些知識在商管書籍、領

導課堂都有許多實用的教學，但這種過程，仍然需要你我親自走一遭，才能真正體會箇中滋味、獲得成長。

# 1-9 廚藝好，所以我就可以創業開餐廳嗎？

---

**專業分工，才能讓事業看漲。**

---

在日常生活中，是不是有遇過這種情境：

情境 A，赴親友聚餐時：「Amazing ！！手藝真好，太好吃了，你可以去開餐廳了」

情境 B，發現掌杓的不是店老闆時，便好奇地問：「老闆你不會煮，那你怎麼開餐廳？」

情境 A 是尋常的客套話，情境 B 是我們很常被提問的問題。有趣的是，Jerry 在創業前只會煮泡麵和水餃，直到現在，讓 Jerry 來做道菜他也依然不會。有幾年遇到跨年夜缺人手，Jerry 進廚房也只是洗碗，對於烹飪料理著實幫不上什麼忙。

但他究竟是料理沒天份，還是別有考量？

# 廚藝好和開餐廳是兩回事

曾經我們與美國大型連鎖速食的台灣區前顧問一道在 JK 用餐。當時，外場與內場的主管在餐廳經營與餐點內容方面，出現想法分歧的狀況。內場主管有其專業意見，認為應該要照他的作法才對；外場負責人當時是 Jerry，他觀察市場變化與顧客結構，認為我們需要做出相對應符合區域性的調整較為妥當。雖然 Jerry 尊重內場主管在廚藝方面的專業，但他還是說出他個人見解，以及身為餐廳負責人，應該帶領餐廳何去何從，但當時溝通效果不太理想。

**其實內場主管講得話沒有錯，依他幾十年的好手藝所提出的料理規劃，大多客人沒有不滿意的；但 Jerry 對於市場在改變的那種敏銳觀察，所提出的見解也很有道理。**如果你是餐廳經營者、負責人，你會怎麼做決定？是遵從內場主管的意見，不要得罪廚房，免得餐廳開天窗無法營運，還是你會堅持你所嗅到的新商機，力排眾議盡量解決問題？

◆◆◆

> 顧問聽完這番闡述後，語重心長的說：「千萬不要完全以廚房的角度來領導一間餐廳，因為那不全面。」

不是說不要相信內場主管的意見，這樣太偏激了，而是說，身為餐廳經營者在與這類專業人士溝通時，我們要試著去了解他們的

工作方式與生活。主廚就像創作家，他們向來的注意力與技能培訓幾乎百分之九十以上都在精進廚藝這方面，哪怕我現在從零開始學習烹飪十年，我想我也無法超越這些學有專精的一流主廚。但這件事情放在餐廳「經營」上，是優點也是致命的缺點。

廚藝好、料理好吃就能開一間餐廳，真的是這樣嗎？

即便到今時今日我都還是會被問到：「你老公不會煮，怎麼開餐廳，怎麼當餐廳老闆？」我誤以為創業十多年，朋友們一定知道我們不是單靠廚藝開餐廳的，但原來，不能理解餐廳營運的朋友們仍大有人在，而且不見得是行業外的人，就連同行也疑惑，不擅長廚藝到底是怎麼開餐廳的？他們搔頭抓腦看不懂，這個經典提問正是促使我想寫這本書的原因之一，我們雖然不擅長廚藝，卻在餐廳經營管理上，有一些學習天賦。

## 餐廳營運三分天下

以 JK STUDIO 為例，要打造一個成功的品牌餐飲事業，內場管理佔三分之一、外場管理佔三分之一、總部支援佔三分之一，不藏私分享，接下來我們就一個一個說。

| 分類 | 重點 | 影響 |
|---|---|---|
| 內場管理 | ·內場管理包括從菜單規劃、食材採購、進貨儲存、處理備料到烹飪料理、菜口確認的每一個細節。<br>·廚房的環境管理至關重要,包括清潔、衛生以及設備的正確使用。<br>·客人吃的不僅是食物,更是整個廚房管理的結果。 | ·餐廳的成功從內場開始,細節決定成敗。<br>·精細的內場管理是品牌餐廳競爭的基本條件。 |
| 外場管理 | ·外場管理涉及服務人員的訓練與管理,包括菜品講解和顧客服務。<br>·「人」是外場成功的關鍵因素,外場管理影響顧客的整體體驗。<br>·外場管理還包括處理客訴,並且需要高情商的應對方式,以確保客人的滿意度。 | ·服務人員的穩定性和訓練直接影響餐廳的收益。<br>·解決顧客問題和提升顧客服務滿意度是外場管理的重要目標。 |
| 總部支援 | ·總部支援包括生產、行銷、人力資源、研發、財務和資訊管理的企業六管思維。<br>·開創初期,創業者需多方位兼顧,但隨著規模擴大,需要逐漸進行專業分工。<br>·職場中的任何角色都可以成長到高階管理層,只要擁有遠見與不斷進步的心態。 | ·餐廳的成功不僅依賴於前台和廚房,總部的支援和管理是長期發展的關鍵。<br>·領導人應該著眼於未來,並通過專業分工使企業規模化。 |

## 一 . 內場管理：

站在顧客的角度，最直觀的感受就是料理好不好吃。但顧客在吃到每一口食物前，就像電影紀錄片一樣，那口食物的來源是從產地到餐桌的過程。

**它歷經菜單規劃、食材採購、進貨儲存、處理備料、前置作業、烹飪料理、菜口確認、服務上桌。**

那口食物不會自己生成，需要有適當的環境造就，這時廚房的環境管理非常重要，沒有人希望所吃到的食物是在髒亂不堪、亂七八糟的廚房中生產出來的。所以，小至垃圾桶規定要蓋蓋子，廚具放置需離地面多少公分，冰箱內只能存放公用食材，不能放置員工私人餐食或飲料 ... 等諸多細節。大至排油煙罩多久清洗一次，每日收店，踩在腳底下的廚房排水溝及截油槽，必須徹底潔淨吸乾水分，避免「小動物」滋生，各種廚具設備教導員工正確使用 ... 等廚房環境維護。

**其中教導廚具設備正確使用，時常成為罩門。**

曾經有員工將金屬器皿放在微波爐裡加熱食物，一票人嚇出冷汗！當時感謝老天，好險沒有造成不幸事件。另外很多人也不清楚果凍粉和吉利丁有什麼不一樣？不都是用來凝固的嗎？自然酒和葡萄酒有什麼不一樣？喝起來不也都差不多嘛？千萬不要覺得大家都知道，我們認為理所當然的事，恰巧是別人初次學習的新知識。

一台五十萬的全新德國進口蒸烤箱，號稱蒸烤箱界的勞斯萊斯，

如果沒有教導員工廚房設備正確使用，不是每位員工都知道要珍惜，我們廚房就曾發生過令人頭痛的破壞機具行為。還有，百貨公司衛生稽查看到垃圾桶沒蓋蓋子、鍋具任意放置、環境有問題等等，商場是有權利開出罰單，要求立即改善的。

上述的幾項不過是內場管理的冰山一角。

---

◆◆◆

**客人吃到的也不只是食物，更多是它背後的管理細節。**

---

對於餐廳經營來說，內場管理也僅僅只是促成一間品牌餐廳，能否拿到市場競爭的入場券，基本條件之一而已。

## 二．外場管理：

我們持續用一口食物的電影記錄片概念來講解。料理從內場菜口確認後，由外場服務人員端上桌，與客人講解菜品，隨後那一口食物才開始被品嚐。

成事在人，這環節「人」佔了大部分成敗的因素。**在外場管理上，人事流動支出與人員上手時間，都是那一口食物背後的變動成本。**如果單單只用廚房角度思考，將大多心思放在食材成本上，無疑是坐井觀天，因為忽略外場「人事穩定」和「服務品質提升」需

要支出大量費用這件事。屆時人員管理不善的成本就會體現在財報上，明明生意看起來很好，但為何沒有賺錢？

以 JK STUDIO 義法餐廳 - 桃園華泰店為例，由於我們初次挑戰大坪數、多人數，2021 年 8 月開業後，外場團隊的組建與人員訓練非常辛苦，直到我們與夥伴們越來越有經驗、有默契，才在外場的各項管理細節上漸入佳境。2024 年初，夥伴主動跟我說：「我覺得華泰店的團隊工作氣氛很好，效率也很不錯」

我有感而發的回答：「辛苦的時候你沒看到，足足超過兩年，要熬疫情、要熬夥伴心情，還要熬照顧客人的感情。」

照顧客人的感情是什麼意思？

某回，一對年輕情侶來用餐，消費完後其中的女性顧客轉頭給了我們桃園華泰店 Google 評論一顆星，抱怨著食物很難吃，種種不利於餐廳的言論，唯一慶幸的是評論者覺得甜點很好吃。在我關心發生什麼事之後，才曉得原來是在訪桌流程時，外場服務人員詢問客人餐點是否合胃口，有沒有需要為客人調整的地方時，男方回覆都沒問題，餐點也都確定有被享用。可是用餐席間，服務人員耳聞情侶之間鬧彆扭，感覺女孩子臉色和情緒似乎不太好，男朋友則是始終客氣相應，沒多久敝餐廳遂收到一顆星的評論，我些微理解了為什麼此位客人覺得食物很難吃，只有甜點很好吃。

不能說我理解的就一定是對的，但我們在接受到客訴時：

- 步驟一，即是檢討與盤查內部是否有疏漏需要改進，當一切正常，才會去想是否有其他可能的原因導致負評。

- 步驟二，餐廳老闆和現場主管須要給夥伴加油打氣。

- 步驟三，給這位一顆星評論的客人回覆謝謝光臨、感謝指教。

我們必須用高情商的方式化解種種潛在危機，既然以此為業就不要抱怨，如果這樣就覺得自己委屈，那真的不適合開餐廳，因為檯面下客人吃不到的管理細節，正是餐廳經營者的日常工作。

◆◆◆

> 創業開餐廳，身體上的勞累都是表象，每天解決人的問題，「心累」才是壓垮部分餐廳業者決定收攤的最後一根稻草。

外場管理的項目族繁不及備載，在此僅舉例說明，關於「人」與「情緒」兩樣容易被忽略的隱形成本。我們不做卑躬屈膝的服務，但倘若餐廳經營者相信並正視提升情商，可以加強工作效能、可以幫助增長營業額、可以帶動團隊持續成長，不斷學習與正向思考的結果，讓我們在經營餐廳這條路上，如同倒吃甘蔗，越來越甜。

### 三 . 總部支援：

開餐廳若沒有企業六管思維，事業很難做大。企業六管分別是生產、行銷、人力資源、研發、財務、資訊管理。

上述的第一點內場管理分擔生產、研發及部分人力資源。內場夥伴們要料理生產，廚藝總監和主廚們負責研發新菜，主管平時要招募新員與內場培訓。第二點外場管理分擔生產、部分人力資源與部分資訊管理。外場夥伴付出勞力服務顧客，這即是餐廳生產的一環，學習使用各種數位系統並維護，即為資訊管理，比如：POS 系統、訂位平台系統、商場 APP、官方 LINE 會員功能、各種刷卡機 ... 等等，餐廳站櫃檯的服務人員要學習的數位系統五花八門，他們不完全只為客人斟茶遞水而已。

剩下的行銷、財務、部分人力資源與部分資訊管理就是企業總部營運的責任。

但萬事起頭難，通常剛創業時，至少都是一人當三人用，老闆可能是研發、生產和資訊管理，老闆娘可能是行銷、財務和人力資源，但也可能因人而異彼此調換職務。像 JK 老闆就很優秀，我只負責行銷與家務，其它公司的事都交給他了（趁機會誇獎他一下，請他認命好好工作）。逐年累月，當組織開始壯大後，自己再也無法一人分飾多角，慢慢地就需要延攬各類人才，進行專業分工。像是：會計人員、行銷企劃、開發工務、人資主管、行政方面人事需求等等，當然也可以選擇部分外包，如此才有辦法從一家小店走向連鎖經營的企業規模。

**我們對一種謬論嗤之以鼻：「餐飲業是去給人家端盤子的。」**如此說法既過時又故步自封。任何職場工作者，包含 Jerry 和 Irene 也是，只要有足夠的上進心和學習力，無論做什麼工作都能學到東西，一路平步青雲，就怕人把自己看小了，覺得餐廳外場只是服務員一枚，錯認內場廚師只能做菜出餐，多麼奇怪的想法？！

你能不能從外場基層一路幹到集團總經理？你能不能從廚房助手一路晉升，成為不可多得的廚藝總監？你能不能從文案小編一路做到 CMO（Chief Marketing Officer）首席營銷長？你能不能從幫人打工變成創業老闆？沒有遠見的理想與職涯規劃，當然會一直埋怨餐飲業工作沒什麼出息。原因不在於從事哪種行業，在於自身根本就沒有想過未來，沉醉在小確幸的日子裡，相信工作不用太拼，以此奉為圭臬，長期下來只會無限拖延個人成就。

不要在該打拼的年紀選擇安逸和逃避，我們都不是準備要退休的人，這不還正年輕嗎？Jerry 曾說：「我們現在的努力與付出，是希望將來能有更多的選擇，而不是被選擇。」

## 結語

朋友邀請我上 Podcast 節目，聊到廚師開餐廳的話題，我是這麼回答的：「如果主廚學有專精、喜愛創作，剛好有一筆存款想要開餐廳，這樣的想法很好，但單打獨鬥可能有些辛苦，不如帶著本事與自有資金，加入與自己想法契合的餐飲事業，共同打拼，勝

率更高！」這番話令主持人眼睛為之一亮。

事實上確實如此！無論國內外的餐飲業皆是萬家燈火、包容性強之產業，競爭激烈可見一般。在我們的觀察看來，**後疫情時代餐飲方面的人才與資源很適合「整合」與「團戰」。翻譯成白話就是單挑和打群架，你認為哪個勝率高？哪個損傷小？**

仔細思考看看，歡迎有志一同的餐飲人才加入我們，共創未來！

# Part2

# 第一次創業
# 就上手商業計畫

# 如何撰寫商業計畫書？<br>從數字思維開始

先講個笑話給大家聽。

我們第一次寫商業計畫書是在四年前，目的是要向百貨商場提案以及向投資人說明。那時我犯的最經典錯誤就是寫太多，夯不啷噹加起來 79 頁，光是呈現與敝餐廳相關的各種照片大概就 45 頁，而且我還是有看過參考範例之後才寫的，仍然掉進新手菜鳥的陷阱中。那時花了很多時間在搞商業計畫書內比較無意義的部分，還覺得排版好用心、照片好漂亮、自己好棒哦！我回頭審視那個 SWOT 分析，是要參加作文比賽嗎？老天爺啊 .... 我到底在幹嘛？如今的我會和過去的我說：「小姐，垃圾桶在那邊，謝謝。」第一次寫商業計畫書的經驗就是這麼好笑。

第二次重改，我減到 24 頁，看起來好像減少很多，但直到兩年前進駐新百貨，那份商業計畫書提案在同事的幫忙下一起合作，差不多 10 頁完成。我後來養成習慣，像商業計畫、百貨提案、公司簡報，我都會盡量控制在 10 頁左右。但餐廳難免是需要照片或示意圖做參考，這個無法省略，最多就控制在 15 頁以內，或者照片部分可以上傳雲端，用附件方式作說明，這是我們後來改良的方

式，是不是和我初次的版本差很多呢？如果你是看我商業計畫書的人，是不是鬆一口氣了呢？

◆◆◆

## 商業計畫書的衡量指標：2句話、5分鐘、10頁紙

換位思考，我們先不要想天使投資人、創投 VC 那一塊，就先想想百貨招商主管好了。大型商場通常都好幾百個櫃位，如果每個人都來份那麼「厚重」的商業提案，然後重點也沒說清楚，請問他要怎麼看？可是，突然有一家寫來 10 頁紙，介紹他們的品牌、團隊、優勢與營業額分析，最後說清楚未來可期之發展，見面時還僅用 5 分鐘就講完全部重點，開會只需半個小時，如果你是招商主管，你選哪一個？

好！我知道當然選最會賺錢的那一個，但連 2 句話都無法介紹自己、5 分鐘都不能簡報重點、10 頁紙交代不清正在做的事，其實是很難讓人相信這個品牌可不可以為商場或投資人帶來有效利益，因為商業計畫書都是人在編的，不是嗎？

接下來我們想和你分享餐飲業如何撰寫商業計畫書的具體案例，教你下筆前如何做好更重要的商業邏輯訓練。

重點不是寫越多越好，精髓是你對你的生意是否真的全盤瞭解？如果你對這門生意掌握度 100%，那這份商業計畫書頁數多寡、精

美與否都不重要，甚至有沒有寫都無所謂。**商場和投資人關心的是營收獲利能力、團隊運營能力、裂變複製能力，還有，你是不是一個值得信賴的人。**

## 數字、數字、數字

因為很重要，所以說三次。

如果你跟 Irene 以前一樣，看到數字計算、財務分析就想裝死，麻煩請給我一個機會，耐著性子繼續看下去。我會用個人初學者的經驗，盡力設身處地的為和我一樣的人著想，寫好這邊的內容。

不要以為老闆娘戴著一副眼鏡，看起來很精明的樣子，會計就很好。因為就曾有熟客跟 Jerry 說：「你們的帳一定是你老婆算得齁？」說來慚愧！託老天爺眷顧，祂給了我其他優點，比如小學六年級，我就已經會用擬人法寫一篇迷你故事劇情，活靈活現類似後來的皮克斯動畫《玩具總動員》，Forky 那個角色我非常有感觸，所以我現在提筆寫書，大家可能也不意外了，但可惜我缺乏會計這方面的天賦。其實對於數字、財務一把好手的人是 Jerry。不過我也沒放棄「治療」，靠後天學習，從完全不懂怎麼算帳的小白，一直走到今天。縱使仍看不到 Jerry 的車尾燈，起碼我已經聽得懂他和會計師在說什麼，知道財務報表的樣貌與內容，可以說是成功跨越數字報表的那層心理障礙。

讀者可能不知道，針對餐飲經營，普遍有個不可思議的現象，我

們遇過非常多人都以為開餐廳廚師手藝超群、餐點美味,生意就會蒸蒸日上,而且不是外行人才這樣想,就連很多餐飲同業也有這樣的迷思。幾乎可以負責任的說,時至今日還保有這種封閉思維,並期待餐廳可以經營得下去,那真的要靠很多、很多 ..... 很多的運氣。

請注意!不只是廚師,調酒師、品酒師、咖啡師、麵包師、甜點師、茶藝師 .... 等等,任何一項以餐飲技藝為主的專業人士們都請留心,**手藝精湛固然是開店的優勢之一,但我們是做生意,不是要去比賽奪冠軍獎盃,我們面對的是消費大眾,不是評審老師**。所以,在我們的創業經歷中,如果不是 Jerry 對數字有感、對財務敏銳,JK STUDIO 這塊招牌早就被淹沒在茫茫大海之中,可能等不到我們在這兒寫書分享經驗。

## 分析商家情報便可預估營業額

商業計畫書的關鍵之一在於「預估營業額」和「預估營業獲利」。這兩點非常重要,尤其是出資者、投資人和百貨商場的營運主管都會優先去關心這些。

我們可藉由損益表之估算金額預估營業收入,反推租金、人事、食材、管銷 ... 等等營業成本和費用。首先要能夠預估單月和整年度的營業額,用精算的方法得出營業利益,然後才有辦法更進一步制定策略:

◆◆◆

> 「該怎麼做才能創造更多獲利？亦或是損益兩平。」翻譯成白話就是，你創這業到底能不能活下去？

有理想有情懷很棒，但總得先填飽肚子才能打仗，不是嗎？

那究竟該如何算出預估營業額呢？接下來我們用虛構情境題代入，以較低門檻的街邊門店做為案例說明，讓讀者易懂。

| 項目 | 內容 |
| --- | --- |
| 創業者 | Sunny |
| 品牌名 | 陽光餐廳 |
| 定位 | IKEA 瑞典餐廳的升級版 |
| 目標 | 裝潢、餐點、服務均比 IKEA 餐廳再好一點 |
| 人均消費 | 600~800 元 |
| 地點 | 桃園市中壢 Sogo 附近 |
| 租金 | 每月 10 萬元 |

這是 Sunny 第一次開餐廳，請問他該如何預估每月營業額、年度營業額，思考經營策略，完善整份商業計劃書呢？

首先，Sunny 必須在餐廳預定地周邊，搜尋至少四間以上相同價位，

消費約在 600~800 元區間，販售品類相似的競爭對手，例如：café
註1、brunch( 早午餐 )、餐酒館、風格漢堡 ..... 等等。Sunny 要到每
家店用餐，現場觀察該店平日、假日的中餐和晚餐生意流量。

我們假設上述四間店他都已經去造訪過了，他發現斜對角的那間
café，室內坪數大小與客席座位數，最接近他所要經營的規模，那
我們來幫 Sunny 計算一下他所觀察到的數字：

總客席數 40 位，正常情況下，顧客組合以 2~4 人為最多，通常不
會真的坐到滿滿滿，除非預定包場，故滿座要算 30 位。

計算表如下（重點在平日假日中午晚上要分開計算）：

| 時段 | 來客數 | 平均消費 | 預估營業額 |
|---|---|---|---|
| 平日中午<br>(11:00-13:00) | 30 位 | 600 元 | 18,000 元 |
| 平日中午<br>(13:00-15:00) | 15 位 | 600 元 | 9,000 元 |
| 平日中午總計 | 45 位 | 600 元 | 27,000 元 |
| 平日晚上總計<br>(17:30-22:00) | 30 位 | 800 元 | 24,000 元 |
| 平日總計 | 75 位 | - | 51,000 元 |
| 平日營業額<br>（月） | 51,000 元 x 一個月平日天數 22 | | 1,122,000 元 |
| - | - | - | - |

| 時段 | 來客數 | 平均消費 | 預估營業額 |
|---|---|---|---|
| 假日中午<br>(11:00-13:00) | 30 位 | 800 元 | 24,000 元 |
| 假日中午<br>(13:00-15:00) | 30 位 | 800 元 | 24,000 元 |
| 假日中午總計 | 60 位 | 800 元 | 48,000 元 |
| 假日晚上<br>(17:30-19:30) | 30 位 | 800 元 | 24,000 元 |
| 假日晚上<br>(19:30-22:00) | 15 位 | 800 元 | 12,000 元 |
| 假日晚上總計 | 45 位 | 800 元 | 36,000 元 |
| 假日總計 | 105 位 | - | 84,000 元 |
| 假日營業額<br>（月） | 84,000 元 x 一個月假日天數 8 | | 672,000 元 |
| - | - | - | - |
| 月總營業額 | 1,794,000 元 | | |

平日 1,122,000 ＋ 假日 672,000 = 1,794,000 元，我們可以取整數 1,800,000 元比較好算。

1,800,000 元 x 12 個月 = 年度預估營業額 21,600,000 元

答案出來了，Sunny 欲開在桃園市中壢 Sogo 附近的陽光餐廳，每月預估營業額是 180 萬元，年度預估營業額是 2160 萬元。

恭喜！第一步預估營業額完成。但我們要怎麼知道陽光餐廳每月

能賺多少錢呢？這時我們要反推回去，計算預估營業獲利。

**但上述的預估營業獲利是樂觀的算法，開店必需考慮各種風險因素**（疫情是特例不適合歸納在此）。就一般來說，存在的風險例如：大小月、天災、人禍，像颱風一來可能有幾天無法營業。位於中壢 Sogo 的陽光餐廳屬於住商混合區，一般平假日生意可能較穩定，但連續假日，許多人出遠門遊玩或出國旅行，此時生意冷清乃是常態；又或者缺工情況，招聘不如預期理想，再加上原有的夥伴發生職災，需請假休息，業主為提供良好的服務品質，不接那麼多客人入座，這也是餐廳經營上常見的風險。

故最後得出的營業額，建議打八折會較為接近真實：每月預估營業額是 144 萬元，年度預估營業額是 1728 萬元。


# 扣除成本反推獲利

第二步要利用陽光餐廳的每月預估營收 144 萬元，扣除所有的成本和管銷費用，下面是一個預估的範例：

1. 食材（營業成本）：一般西餐業態的餐廳，食材大約抓營業額的三成，也就是說 100 萬元的月營業額，食材成本約 30 萬元。

2. 租金（推銷費用）：每月 10 萬元

3. 人事（推銷費用）：我們粗估約有 10 名員工。平日內場 3 名、外場 3 名；假日內場 4 名、外場 4 名，另加 2 名排班輪休。然

而內外場員工薪資依職位不同有高有低，故以平均值月薪 5 萬元計算（包含：本薪、全勤獎金、勞健保、勞退 6%、年終提撥其他業務加給...等等），所以這邊每月人事開銷預估是 50 萬元。

4. 行銷（推銷費用）：行銷預算 36,000。折價卷製作、文宣品印製、路上發傳單、美食部落客邀約體驗撰文、網路社群自行經營。以社區型小店來說，導入新客、禮遇熟客非常重要，行銷預算無需鋪張浪費，人情味就是最好的行銷策略。

5. 其他管銷（管理費用）：營業稅 54,000、電 35,000、瓦斯 8,000、其他 10,000（含：水、電話、網路、保險、POS 系統）。

6. 攤提（管理費用）：假設初期店面裝潢總共花費 360 萬元，分三年，共 36 期平均攤提，每月攤提金額為 10 萬元。

於是我們可以得出下面的數字計算表格。

| 陽光餐廳預估綜合損益表（摘要） | 時間單位：月 | |
| --- | --- | --- |
| 會計科目 | 金額 | % |
| 營業收入（營業額） | 1,440,000 | 100 |
| 營業成本（食材） | 432,000 | 30 |
| 營業毛利（營業額 食材） | 1,008,000 | 70 |
| 營業費用 | | |
| 　推銷費用（租金） | 100,000 | 6.94 |
| 　推銷費用（人事） | 500,000 | 34.72 |
| 　推銷費用（行銷） | 36,000 | 2.5 |
| 　管理費用（其他管銷） | 107,000 | 7.43 |
| 　管理費用（攤提） | 100,000 | 6.94 |
| 營業費用合計 | 843,000 | 58.54 |
| 營業利益 | 165,000 | 11.46 |

附註：會計科目內原有一項「預期信用減損損失」，但由於營業規模和金額過小，新創品牌沒有知名度等因素，故可忽略不記。

## 記住降低 33 法則，思考長期利益

依上述計算結果，暫不考慮餐飲業大小月之利潤，陽光餐廳如果是 Sunny 獨資的話，每月可賺大約 16.5 萬左右。每個人對於獲利所得的期待不盡相同，有的人覺得賺 16.5 萬比之前的薪水高，但一定也有人不滿足於此，這麼辛苦才賺 16.5 萬？有沒有搞錯！

Jerry 聽到你內心的吶喊了，別急！我們再來算一筆帳：

◆◆◆

> **上述成本有兩個地方可以最直接有效的開源節流，那就是人事和食材成本。請記住「降低33法則」。**

比如想辦法讓每月人事成本從 34.72% 降到 31.72%；食材成本從 30% 降到 27%。食材少 3%、人事少 3%，那每個月是不是就多了 6% 的利潤？

營業額 1,440,000 x 0.06 = 86,400

86,400 + 165,000 = 251,400

如此算下來翻譯成白話文就是，每個月賺 25 萬，年獲利 300 萬，比上班好多了，這盤小生意可以做。但重點是要怎麼落實 33 法則，讓人事和食材成本各降 3% 呢？我們用 QA 方式舉例如下：

**問題 1：每月高達 60 萬的薪水支出有沒有什麼辦法降下來？**

**答：**

可以思考少一名正職員工，改應聘兩名 PT，用這樣的比例來取代。正職 + 時薪夥伴（part time）的組合，目標以每月薪資支出少 3% 為原則，來節省人事開銷。我們認為正職員工雖然相對穩定，但餐廳生意不會每天爆滿，總有忙碌和平淡的營業狀況交替，業主

們可以在生意忙碌的時候，安插 PT 上班，以此爭取多一點的獲利空間。

**但請注意！人力精簡的背後，一定要改良外場作業的繁複程度，怎麼說？**

例如，以前客人坐定後，服務人員要去倒水、遞菜單、上餐具等等流程，這些流程看似貼心服務，但陽光餐廳並非高級餐廳，服務無需做到如此細緻。你可以置放一樽潔淨的水瓶與水杯，讓客人自己倒水；每桌餐檯使用餐具盒擺放乾淨的餐具；菜單提前先擺放在桌面上，客人一坐下來就可以自行翻閱，幾分鐘後再作介紹，甚至你可以導入 QR CODE 點餐系統，讓顧客自行掃碼點餐。如遇到年紀大的長輩或不知道該如何線上點餐的客人，再上前服務為客人點餐即可。

建議順應時代變化，盡早將人工服務流程簡化或改以科技取代，節省人力，提高獲利。

**問題 2：食材不能偷工減料，那可以怎麼節省成本？**

**答：**

我們在餐飲業內十多年，聽過也遇過主管夥伴態度不理想的情況。少部分的人為了貪圖方便，進貨從來不問價格，東西有得用就好，反正能出餐就好，管他成本究竟多少錢，這現象是很普遍的事實，一點都不誇張。為什麼他們沒有貨比三家的概念呢？是不是因為

懶？還是因為錢不是從自己口袋掏出去的，所以顯得不在乎？這我們就不得而知了，但坦白說，那不是正確的採購流程和工作心態。**無論是老闆或採購人員，在進貨前都必須問問自己，這是已經比過價了嗎？確認是品質沒有問題的食材或原物料了嗎？**

可能有些廠商報價會高於其他家一些些，但或許是他們一直以品質穩定、配貨準確、服務良好為市場優勢，那當然我們可以判斷與選擇貴一點的那一家，但不是連問都沒問，就直接讓公司吸收較高的成本。定期的詢價、比價、檢查原物料價格是否有波動，光是每月、每季、每年定期檢視，就能有效的控制成本。起碼不會連原物料漲了，業者都還搞不清楚為什麼營收明顯有增長，但利潤率遲遲沒提高。

《馬斯克傳》裡頭寫著這麼一句話：「質疑每一項成本。」你得用一對鷹眼盯著成本，想方設法讓成本降低。那是他在造火箭的時候，嚴格規定員工的做事準則。

還有一種實際情況是，消費者無感的事情，業者也可以取捨。像是我們就曾遇到天災過後，菜價連翻漲，原本我們配菜有用到黃櫛瓜，無奈從每斤 200 元漲到 600 元，一口氣漲三倍，真的是小心臟承受不住啊！於是我們馬上就改以綠櫛瓜取代之。你說消費者會不會因為櫛瓜表皮顏色不同而抗議，以後都不來了？當然不會！因為吃起來都一樣，可是進貨價格差三倍，這時業者就要趕快做調整以降低成本，不要猶豫。除非是換成不新鮮的蔬菜，否則客人不會因為黃櫛瓜換成綠櫛瓜就影響他們再度光臨的意願。

# 結語

說到這裡，這本書並非教人如何寫商業計畫的專書，如果讀者有心想學習，我推薦日本中小企業經營之神－小山昇所著的《最強經營企劃書》。這本書兩百多頁小小一本，但卻寫得很精實，值得你看。

小山昇社長這本書我看了兩、三次，前兩次拜讀是為了想要學習公司營運計畫和展店商業計畫，第三次就是在寫本書的時候，我一邊寫一邊參考有哪些關鍵字和做法適合我們的讀者。像是小山昇有講到：「經營企劃書是魔法書，只要寫下來，就會照著計劃走。」，還有「利益就留下最低限度，其餘為未來投資。」他非常鼓勵經營者要懂得思考長期利益這件事。而以上這些，都是平常我們真的有落實的做事方法。

寫書的時候我也回去看了我們之前寫的 JK STUDIO 商業計畫書。我一看不得了！哇！當時預估營業額怎麼訂那麼高啊？到底是要逼死誰（偷笑），結果每一年都沒達標（大笑）。但你如果有看《最強經營企劃書》就會知道，小山昇說：**沒達標又怎樣？他訂的目標更高，十年後他才達標。所以第一件事情是「你得敢做夢」，我們不是沒達標，而是正在達標的路上。**

前資誠聯合會計師事務所所長張明輝老師曾經教過我：「訂年度目標的原則是**目標要訂得高**。取乎其上，得乎其中，取乎其中，得乎其下。」這番道理與小山昇在書裡講得不謀而合。

雖然 JK STUDIO 預估營業額沒達標，但是，發展店家數、員工人數、投資金額預估、展店年限，甚至連餐廳的平方數和客席座位數，都幾乎邁向達標大滿貫。這商業計畫書很神奇，我自己看都覺得 JK 老闆怎麼這麼英明，又帥又聰明，真是太厲害了！（這馬屁拍得可以呀！）

哈哈，開開玩笑拉回正題，其他商業計畫書沒寫到的部分，例如：競爭分析、市場定位、經營策略、研發計畫、推廣方案⋯⋯ 等等內容，你可以斟酌撰寫，或者善用科技軟體、套用模板有效率地去完成。我推薦使用 Canva [2]，進入平台後註冊帳號，輸入關鍵字搜尋 "business plan" 或 " 商業計畫 "，選一個你想要的範本，跟著範本的設定，套用（或微調）自己整理好的資料，即可快速地完成一份頁數控制剛好，看起來像專業人士所製作的商業計畫書。

---

註 1：café 葡萄牙語 / 法語，在國外意指供應簡單餐點和飲料的小餐廳、小飯館。招牌上寫 coffee 或 coffee shop 才是專門販售咖啡飲品的店家。
註 2：Canva 是免費的線上平面設計工具，你可以使用 Canva 建立社交媒體貼文、簡報、海報、影片、標誌等等。

## 第一家店就成功，
## 你的地點如何選擇？

◆◆◆

**交通便捷就是生意的命脈。**

JK STUDIO 的第一間創始店開在台北信義區，捷運市政府站 1 號
出口，鄰近松山高中。此店址 Jerry 從尋覓、洽談、簽訂租約速度
之快，幾乎是他一看到，沒多久就下決定了。

## 所謂的風水，就是交通地理學

會有這樣的直覺判斷不是憑感覺，當然也不是因為店址位於台北
信義區、人潮很多這麼簡單的道理。而是當時，除了本店租金相
比鄰近的忠孝東路五段的租金便宜一半以上之外，交通便利、停
車方便才是 Jerry 認為開餐廳最重要的選址條件。

創始店從台北捷運市政府站 1 號出口走出來後，只需三分鐘即可
到達。停車方面，餐廳周邊共有三處停車場，一個是距離 50 公尺

的地下平面停車場，一個是距離 100 公尺的立體停車塔，最遠的是大約 500 公尺外的松山高中停車場，這使得我們在宣傳餐廳時大有裨益。因為停車方便，大眾運輸便捷，客人前來聚餐消費的意願無形提高。

另外，我們餐廳門口可短暫臨停，也成了司機送貨、廠商維修、代客叫車進出便利的利基點。JK STUDIO 這間創始店，營運超過八年，從來沒有被抱怨過停車不方便這件事，**可見「交通」與「停車」的重要性，幾乎左右著一間餐廳能否成功的重要因素之一。**

## 我可以開在郊區嗎？

但是，並不是說交通便利的餐廳就一定會成功，而交通不方便的地方餐廳就開不起來，我不是這個意思。我們的選址條件符合「都會型」需求，但此說法不代表所有人的看法，還是有業主他們夢想開一間位於遠郊，營造遠離塵囂的風格餐廳，清幽山水詩情畫意，當然這也可能是個優勢，比如私人土地持有，這樣的概念。

我想起我學生時期很喜歡看國興衛視。國興衛視是一家專門播出日本電視節目的頻道，以前有一檔節目企劃，專門採訪、製播日本全國各地的特色餐廳，節目製作很用心，百分百的優質節目。有一集，節目團隊駕車，穿過翠綠的森林，四周寂靜無人，只有引擎的低語和主持人的旁白，道路蜿蜒起伏，像一條銀灰色的絲帶，看著遠方的山巒層疊起伏，他們來到一處宛如人間仙境的餐

廳。鏡頭拍攝從大門打開，哇！令人嘆為觀止！很難用巍峨高大的紫禁城和精緻華麗的凡爾賽宮去比擬、眼睛所看到的這間擁有百年歷史的日本高級餐廳，那種令人屏息讚嘆的美，完全是不一樣的氣質。外加一字排開的頂級豪車，真的美不勝收！（請原諒我世俗，哈哈）

那間位於日本深山的百年高級餐廳，猶如隱藏在時光長河中的瑰寶，傳承四代（如果這間餐廳還在，到現在應該是第五代或第六代了），鏡頭帶過整座木質結構日式建築，成為山林水畫的一部分，細膩的紙門與屏風，富含歷史文化的藝術品收藏，餐廳負責人與所有服務人員身著正統和服，無不透著精工細作之匠心。他們專門接待上流圈層和名門政要，每一位客人都是那裡的貴賓。餐廳以頂級的食材和精湛的烹飪技藝聞名，餐廳內的每一處細節，都透露出高雅與奢華，充滿了對日本傳統的敬意與代代精進的融合。那集節目讓年少的我瞭解什麼是高級，確實是我看過的最高級沒有之一，大開眼界！

小時候的見聞，使我後來對餐廳有著美麗的幻想。直到我們自己成為品牌餐廳的業主後，因面臨許多現實，不得不一一去妥協所有的困難與挑戰。就拿「交通」這件事來說，Jerry打從一開始就沒想過要開在遠離人群的地方，為什麼呢？

## 百年家業與白手起家

**每個人在創業前必須要認清事實，盤點自身資源，不要為了羨慕別人，做出超乎可承擔風險範圍外的投資。**我們很清楚自己沒有祖傳多代的家世背景、人脈條件，更沒有手握雄厚資金和名人光環。雖然世外桃源令人神清氣爽、心神嚮往，但夢想很豐滿，現實很骨感，來客與獲利是身為老闆，每天睜開眼睛、鐵板釘釘的殘酷考驗，能否支撐品牌餐廳整體營運皆是未知數。

再加上缺工的情況下，如何確保人力數量、素質與餐點品質的穩定？對我們來說太過困難，這種沒有把握的賭注，勢必不會列入 JK SUTDIO 的規劃清單上。

同樣是身處台灣這塊小小的土地，至今我們仍然不敢越雷池半步到不熟悉的「地形區域」。**山上、海邊、鄉間、都市，商家經營的戰法不同，不能想著：「反正開餐廳嘛！不都一樣嗎？」**想要用一套方法打通關的人，大概是不熟悉餐廳運營的人。

所以，我們在門店的選址方面，積極布局在捷運和高鐵週邊，以停車方便為優先、人流密集度高為考量，品牌未來的整體戰線規劃，也會圍繞著交通建設發達的區域為主。由此延伸，讀者不難發現為何 JK STUDIO 與眾多餐飲品牌，幾乎都向百貨公司和主題商場靠攏，因為交通便捷就是生意的命脈。

## 結語

如果你是想要開一間實體餐廳的新手業主，初步可以先想想你的
生活圈在哪？你是都市人嗎？還是本身就居住在田野山林、郊區
海岸邊呢？

**你熟悉的地方會讓自己在經營餐廳時，以及與客人的互動上較為
省力。**因為你了解這個地區的四季變化，你知道這個縣市的人文
風情，你掌握可預估之各項成本、營業額及利潤率，起碼你清楚
菜、肉、蛋要跟誰買？那附近的租金行情是多少？你甚至有辦法
找到願意和你一起工作的夥伴。這些本身的優勢，將會替你節省
許多試錯的時間和金錢，提升你開店的成功機率。

## 找合夥人一起創業，要先知道的問題

---

### 創業前，都要先想清楚自己的停損點在哪裡？

---

創業 99% 一開始都是不賺錢的，如果有保證低風險、快收益、高報酬，那不叫創業，那叫詐騙。

我們曾經因為創業，失去了交情非常要好的朋友，JK STUDIO 是以 Jerry 和當時合夥人的英文開頭為命名，短短兩年多彼此分道揚鑣，但究竟為什麼不歡而散呢？

自 2010 年創業開始，合夥人和我們便有一定程度的合作，在我們餐飲事業上他是最早期的技術顧問。久而久之，因為彼此談話投緣，加上我們兩家人是多年摯友，於是在 2016 年決定一起創立 JK STUDIO。

接下來的劇情，我想我不用多加詳述，大家肯定也猜的到。好友、伴侶、親人一起創業，失敗拆夥的原因不會太多，大致就那幾個，

沒賺錢、心太累、分不均，或像我們一樣「理念不合」四個字，這幾個字就可以道盡合作關係結束之全部。

寫這本書不是要來爆料驚奇內幕，也不是要來批判昨是今非，我們認為不該沉浸在過往的怨懟之中，雖然當時相處不愉快，但可以理解彼此都有道不盡的難處。因此，我們仍單獨書寫一個章節，分享一些乾貨與建議，提供過往的合夥經驗，希望對有意與好友、伴侶和親人一起共創事業的讀者們有所啟發，不要在憾事發生後，才遺憾當初沒有注意這些細節。

◆◆◆

> 多年下來，我們也檢討所犯下最大的錯誤，只怪當時還年輕沒有明白一個道理，那就是：每個人承擔風險的程度不同。

## 合作，其實永遠不可能平等

再要好的朋友、再親近的家人都一樣，創業這條路，自己能無怨無悔為了理想吃泡麵，不代表對方也可以。

每個人都有自己的家庭要照顧、自己的生活方式想擁有，期待別人長期跟自己共患難是不切實際的想法。剛開始創業很苦，沒有獲利還要不斷借錢來支付各種開銷，這種過程很不堪的，別想說

面子往哪擱，是根本沒臉可以拿出來使用，真的太難了！

而創業者本人可以沒有休閒娛樂，可以熬住孤單寂寞，可以委屈老婆小孩，但無法要求合夥人跟我們相同「待遇」。

做出成績了嗎？給人年薪好幾百萬了嗎？讓人臉面有光、衣食無缺了嗎？如果都沒有，創業者憑甚麼要求合夥人跟著自己一起艱苦度日？

別想說可是有簽合約呀！那又如何？沒錢，合約就只是一張紙，既不能拿來燒柴，也不能拿來煮飯。

創業者自己心裡得有數，別人離去，剛好而已，不要責怪，要怪就怪自己還不夠強大。**當自身強大，身邊全是好人，整個世界都會對你和顏悅色，創業路上只有這個真理是忠誠不二的。**

所以，與其討論是非對錯，一點意義都沒有，放下執念，思考下一步該怎麼走？如何才能讓事業有起色、如何才能獲利賺錢？這些才是我們該認真策劃的方向，其他的煩惱與糾結都是白費力氣。

## 熱情，也要設定停損點

沒有經驗的初創業者，容易掉入「熱情」的陷阱，不是誰拖累誰，而是一開始大家心情很興奮，關注著創業或開店前景美好，很少有人去想「萬一」，但往往就是這個萬一會給創業者與合夥人狠狠地上一課。

每個人承擔風險的程度不同，所以共同合夥需要先設定停損點。

我們用打球比喻創業，小明跟同學相約去運動場打球，總共三人。

A 同學說：「我媽叫我 5 點要回家。」

B 同學說：「我結束時打給我爸他會來接我，但不要太晚。」

小明是這次相約打球的主要發起人，本身沒有限制。

我們來讓這三人一個個對號入座。

A 同學，是這場創業活動風險耐受力最低的，停損點最多可承受 50 萬（或假設 500 萬），不可能再拿出更多錢，也或者 50 萬虧完就算了，不再繼續奉陪。

B 同學，停損點雖然沒有明說，但相較於 A 同學耐受力顯然高一些，大膽往上拉至 80 萬（或假設 800 萬），這可能就是 B 同學停損點的極限，由於各種原因最後選擇退出，比如：家庭關係、本身條件或其他因素。想像一下，一般人晚上 8 點回家請爸爸來接，時間上也差不多了。

而小明就是那位創業者。

從一開始他的目的就不只是打球這麼簡單，小明有遠大的抱負，內心渴望有朝一日能成為像 NBA 球星林書豪那樣成功的大人物，所以無論打球到多晚或隔天再繼續練習，他都能持續保有毅力前進，而 A、B 同學只是想跟著運動健身或應允同學的邀約，並沒有想得如此長遠。

創業者，尤其是剛創業，一天工作 18 個小時以上、一週工作 7 天、一年只休過年，這些都是正常的，但合夥人不一定可以。創業者可以為了資金、營運想方設法活下去，犧牲多年歲月（甚至健康）導致工作與生活無法平衡，直到頭髮發白，但這可能不是合夥人想要的人生。

所以，**創業合夥必須先冷靜思考自己所扮演的角色為何？停損點在哪？**創業前請不要被友情和熱情沖昏頭了，心可以熱，但頭腦要冷靜。

## 正視合夥之後的退場機制

既然每個人承擔風險的程度不同，就表示天下無不散宴席，一起合夥創業前，建議先白紙黑字條列清楚，彼此在經營上屬於共同分擔工作呢？還是合夥人純粹投資，只投資不經營呢？這些均牽涉股權結構，其實大部人的人不會去了解這麼深，所以很容易忽略這個非常重要的環節。

我們的經驗是，**如果合作雙方（或多方）「情投意合」，在決定要合夥之前，可以付費諮詢合法執業的律師、會計師或是請人介紹口碑良好的商業顧問。**他們時常處理公司創立與股權糾紛的相關案件，通常會以理性的角度出發，告訴創業者和合夥人未來可能會面臨到的問題，或者彼此該注意的事項。

相信我們，如果你能力許可，專業諮詢的花費，切勿節省！

創業前，律師、會計師或商業顧問的費用，比起創業失敗的後果與痛苦，相形之下九牛一毛。透過專業諮詢有個好處，他們不是當事人，不怕講出真相得罪人，而且有第三方立場幫忙把醜話說在前頭，建立創業者與合夥人的認知，可盡量避免日後因合作不愉快導致關係破裂，起碼做到好聚好散。

公司設立前或創業合作前，特別要注意的其中一項是「退場機制」。

在台灣，創業合夥的退場機制通常由合夥協議中約定，這個協議會明確規定當合夥人中的一方決定退出合夥關係時，應該遵循的程序和條件。以下是一些常見的退場機制：

| 退場機制 | 說明 |
| --- | --- |
| 股份買回 | 合夥協議可以規定，當某一方決定退出合夥時，其他合夥人有權以特定價格購回其持有的股份或權益。 |
| 協議轉讓 | 協議中可以約定當某一方決定退出時，他們可以將其持有的股份或權益轉讓給其他合夥人或外部投資者。 |
| 遺囑規定 | 合夥協議可以規定，如果合夥人因不可抗力事件或死亡等原因退出合夥，其股份將按照遺囑或其他適當程序處理。 |
| 仲裁程序 | 在協議中設立仲裁程序，用於解決退場引起的爭議或價格評定等問題。 |

不光是創業合夥人要留意退場機制，有些公司或品牌方因人才策略，故實施員工分紅獎勵股。倘若遇到員工離職或其他因素而解除勞雇雙方關係，員工在簽約時，也須留意公司的退場機制，千萬別讓自己的權益睡著囉！

最後，萬一真的手頭資金有限，付不起這筆預算又該怎麼辦？

這點我們特別能理解，微型或小型創業剛開始資金、資源匱乏實屬正常。我們當初也付不起這樣的諮詢費用，是直到 JK STUDIO 開業五年後，從一間店要拓展至第二間店，公司規模逐漸茁壯的契機點，開始接觸律師、會計師和商業顧問等等社會賢達，從每年的年度預算中，固定撥出一筆費用投資於這方面，我司制度才變得日臻完善。

所以不要擔心，當我們還很微小、能力尚且不足的時候，不用勉強自己過度消費，**但是，最起碼花點心思上網學習與創業、合夥、股權計畫等等相關知識，當然也可以買書來看**。網路上有很多商業知識型作家和創作者，文章發表以及影片製作各種齊備，這些都是不用花錢就能學習的。

萬事起頭難，沒有多餘預算，付出時間總是可以的吧？天下沒有白吃的午餐，如果希望未來合作順遂，事業平步青雲，起初的功課不能省略，真的不要等到雙方破局了、場面難堪了，再來悔不當初。

創業合夥，要不付費諮詢，要不認真學習。

關於學習，Irene 在此篇最後提供一個免費的 Podcast 聲音平台，讓讀者們除了看書以外，還能用聽得加深印象。Ep.78【創業時代】與錢有關，公司老闆請聆聽 ft. 岩信聯合會計師事務所 主持會計師 - 吳宏一

🎧 收聽連結： https://reurl.cc/NQyqx5

吳宏一會計師是 JK STUDIO 的老顧客，熟識多年誠信可靠。除了主持會計師事務所以外，同時也是台北市會計師公會法規委員會執行長。建議讀者們聽一聽吳會計師給創業者們的建言。無論你目前是新創業者、發展階段或已擴大企業，各個時期所要面臨的問題都不一樣。如果在創業初期就有這方面的認知思維，相信對讀者們會有所助益，幫助你先避損後趨利！

# 2-4 第一筆創業資金如何
# 準備？真相是 ⋯⋯

> ◆◆◆
>
> **等存夠錢才要創業，那就不要創業了！**

讀者看到這裡時，Irene 先請教你個問題，如果有朋友問你：「我想創業，你的身分證和印章借我拿去跟銀行貸款 50 萬好不好？」你會答應嗎？還是會覺得這是來詐騙的？你先想一想，然後我們接著往下看。

## 瘋子 Jerry 和傻子 Ethen

2010 年，Jerry 用我們婚宴收回來的禮金扣除所有費用後大約剩 40 萬，他想要創業做點小生意但錢不夠用。當時 Jerry 在他腦中的「人脈資料庫」仔細搜尋一遍，思考到底有哪位朋友最有可能願意借錢給他？

如果你有看前面的章節「如何做出跳脫舒適圈，選擇創業的決

定？」就會知道 Jerry 曾經在銀行服務過，擔任貸款專員一職。Jerry 非常熟悉銀行的貸款業務和還款計畫，於是，他決定向 Ethen 開口。

Ethen 是我們的大學同學，也是我和 Jerry 結婚時的伴郎，退伍後從事產險金融一直到現在。Ethen 對於金融貸款的運作也熟悉，當聽到 Jerry 這個瘋子打電話跟他說：「我想創業，你身分證跟印章借我拿去銀行貸款 50 萬好不好？」他沒有馬上拒絕，而是先聽聽 Jerry 說什麼。

Jerry 把想要創什麼業、做什麼事、跟哪間銀行借貸、還款計畫分幾年、每月幾號會分期付款匯給他 .... 等等內容全部講給這位傻子聽。Ethen 說：「你讓我想一下。」然後這通電話就結束了。幾天後，Ethen 帶著他的證件、印章跟 Jerry 到銀行辦理信用貸款。從那一刻起，Ethen 就將存摺交給 Jerry，只留下一句話：「這 50 萬沒了可以再賺，但你這朋友不能沒了，真的遇到困難你跟我說一聲，貸款我可以揹！」之後 Ethen 就沒再問過這筆錢的事。反倒是 Jerry 定時會跟 Ethen 說明進度，向銀行簽好的分期還款期限也從未遲繳過，每每只要講到這段往事，就會看到 Jerry 忍不住紅了眼眶。

這就是 Jerry 籌措創業第一筆資金的由來，如果大家期待看到我寫什麼高大上的方法或理論，那我先說聲對不起，還真的沒有！裡頭就是一個瘋子和一個傻子的對話。

## 傻子不傻

讀者或許清楚創業募資中，種子輪（Seed round）的 Friend（朋友）和 Fool（傻子），但大家不要誤會，其實 Ethen 不傻。從事產險金融多年的他，對數字很敏銳，Ethen 明白為什麼 Jerry 要用他的名字向銀行借款，因為他們都曉得在大型企業上班的員工收入穩定，加上平時信用卡繳款正常，無信用卡預借現金之紀錄，故聯徵評分較高，利率可以談得漂亮一些，這是為什麼 Jerry 會拜託他的原因。

那當然我們一開始什麼成績都沒有，靠得僅僅只是朋友之間多年的相互信任，有一個傻子願意擔保貸款，這是多麼令人感動的事情、多麼值得珍藏的友誼。我曾經問過 Ethen：「你當時在想什麼啊！你怎麼敢借錢給他？」雖然只有 50 萬，但那時彼此都還年輕，剛出社會也沒幾年，口袋很淺，難道他就不怕 Jerry 落跑嗎？

Ethen 回說：「我也不知道，就想說賭賭看，要是為了 50 萬落跑，那我也認了。」他一派輕鬆的邊說邊笑。

## 錢要賺，恩要報

後來，Jerry 也沒讓 Ethen 這位好朋友失望，持續將餐飲事業越做越好，直到我們要創業做 JK STUDIO 這個項目時，Jerry 先把 Ethen 加進來，接著 2020 年底，為了拓展事業版圖 Jerry 又再進行一輪策略性的募資（天使輪）。他找了幾位天使投資人，準備好商業計畫

書，分別與投資人說明。跟十年前相比，這一次的募資相對容易的多，因為 JK STUDIO 已經做出了口碑，財報與現金流有憑有據，且事業版圖目標清晰，投資人相對有信心。所以，這一輪未公開的募資很順利，沒多久就達標了！

曾經有朋友聽聞風聲，私下跟 Jerry 說：「你 JK 募資怎麼沒問我，還有嗎？」在此，我們由衷地感謝朋友的欣賞，以及各位股東的認同。

股東之間唯一比較特別的人就是 Ethen。當時 Jerry 已經預期我們品牌未來的發展，他特地先詢問 Ethen：「你要不要來入股百毅高？[註1] 賺錢肯定你有得分，虧錢的話你的部分算我的，這是我個人對你的承諾。」這次 Ethen 就不是拿證件幫 Jerry 貸款了，而是用真金白銀的投資，從種子輪到天使輪，成為敝公司重要的股東之一。

Irene 從旁觀者的角度來講一講，Jerry 和 Ethen 之所以能夠以朋友的身分，在投資上長期合作，除了 Jerry 行事有度、Ethen 願意選擇信任以外，還有一個重要的原因：

## 投資不經營，因為關心則亂。

這個可能沒人比我更了解，所以我說明一下，跟讀者們分享其中成功的祕訣。

Ethen 無論是在十年前的借款或十年後的投資，他從不主動過問 Jerry 在餐廳營運上的大小事。他們的關係金石之交，加上 Ethen 的工作和餐飲業無關，他不太懂得餐飲經營是怎麼一回事，所以他選擇信任 Jerry 的專業與判斷，並相信他不會亂來。除了人格特質以外，還有兩個原因，我猜想也同時加深了 Ethen 的安全感。

- 第一，Jerry 會在每會計年度終了後 6 個月內與股東召集開會，報告年度營運狀況、財報分析和未來發展，這是法定上總經理或執行長的職責所在。

- 第二，Ethen 長年在金融體系公司工作，經手的案量多、金額大，雖然產業別不同，但金融運作的底層邏輯相同，他的認知思維和 Jerry 幾乎同頻。

所以當 Jerry 在跟 Ethen 聊起財報彙整時，Ethen 很快能理解 Jerry 在講什麼。不是一定要懂得餐飲業才能投資餐飲品牌，商業的世界萬變不離其中，商討如何賺錢才是大家共同的目標。

## 結語

「等存夠錢我再來創業、等存到錢我再來做什麼、做什麼 ....」如果你下定決心要創業或打造品牌，就請把「等存夠錢」這類的預設立場從心底連根拔除。

請問要存到多少錢才夠？等存夠錢，機會是否已經在別人手上了呢？**如果下定決心要創業就不要等，想辦法去借錢或找人投資。**借錢一點都不可恥，借錢也不用不好意思，不行就算了，不用覺得矮人家一截，別人不會因為你做生意借錢而看輕你。

提一個不爭的事實，在金融單位裡如何區分事業體大小和眾老闆的能力？就是看借貸人的貸款金額多寡。小老闆們負債幾百萬、幾千萬，大老闆們負債幾十億、幾百億，向金融單位貸款的金額大小，和老闆們事業發展的版圖成正比。

大公司有律師、會計師和財務部門在幫忙處理這些事情，一般創業新人請務必注意自身的信用狀況。雖然我們說借錢不會矮人一截，但無論個人、銀行或創投，一定會去考量對方這個人平時的信用如何，以評分制度把人分為好幾等，貸款條件絕對不同。這是在借款或募資之前，創業新手得特別謹慎的地方。

**Jerry 也特別提醒：創業初期，願意相信自己的人可能寥寥無幾，這是人之常情，請不要氣餒！**但不要為了借錢而到處隨意向人開口，沒有誰是應該要借錢給你的。而是要去找「你比較有把握，對方會願意相信你的人。」做好準備後，勇敢說出你的想法。另一方面，如果在資金方面礙於面子，克服不了的話，人生的路不是只有創業一條，上班其實並沒有不好。就像 Ethen 和他的太太都是很穩定的上班族，兩人都在金融體系公司上班，年資很久了。夫妻倆持續地工作、穩健地理財、適度地投資，這也是人生一個很棒的選項，起碼風險大小自己可以掌控。

在這篇，你同時可以看到投資人 Ethen 和創業者 Jerry 他們不同的職涯選擇，能力不分軒輕。至於，第一筆創業資金怎麼來？現在你知道了。

---

# 設計一個成功賺錢的暢銷性餐飲商品

**2-5**

> 創業就是解決一切問題的總合，造就翻身的可能。

轉眼間，我們創業將要邁入第十五個年頭，回顧這一路，好多次都陷入四面楚歌的困局。

## 創業就是不斷嚐試，尋找最佳解決方案

2011 年 10 月我們在淡江大學周邊校區，開了第一間正式店面，店名也是「百味冷麵」。繼西門町那一坪大的舖位經驗後，Jerry 希望能優化首次創業的種種缺失，例如：租金合理要能夠負擔得起；可同時擁有門面、座位和廚房，兼具服務顧客內用與外帶之功能；人流量要相對多且穩定。當時評估過後，認為在大學學區開店是均可滿足以上條件的地方，因緣際會下，我們如願找到一間合適的店面，一待就是八年。

剛開業時只能用「慘ㄅㄅ」三個字來形容。在淡水生活過的人應該有辦法體會，比起各地溫度，淡水冬天氣溫偏低，霸王寒流來襲的時候，不禁讓人瑟瑟發抖。比寒流更糟糕的是，第一年的冬天主力商品只有冷麵，一位淡江大學男同學走經過店面門口，對著我們說：「這種天氣誰要吃冷麵啊！」我承認他說得沒錯，因為連我也不想在那麼冷的天氣吃自家產品。

在寫這段文字時，我一邊敲擊鍵盤，Jerry 一邊打開另一台電腦查詢當年的營業額，生意最差出現在 2011 年 12 月 12 日，當天營收只有 820 元，實在汗顏，因為就連去便利商店打工都不只這薪水，更何況我們是兩個人。為了使生意能夠好轉，我們嚐試增加品項販售，曾經試過：關東煮、巧克力火鍋、鬆餅、現打果汁、打拋飯、鐵板麵 .... 等等，幾乎每一項都無疾而終。

讓我事後諸葛，來分析一下失敗原因。

### ● 關東煮

便利商店是強勁對手。當關東煮業者所賣出的量不夠多時，報廢也會隨之增多；若問：「在加熱湯鍋裡放少一點料不就可減少報廢嗎？」答案是：不可以的。我的母親有一次來探班，看著我們展示的關東煮，私底下偷偷地跟我說：「你們那關東煮好像只有幾隻金魚在裡面游來游去。」

佩服長輩吃的鹽果然比我們吃的米還多。關東煮加熱湯鍋就像賣

場的貨架，客人並不會喜歡在稀稀落落的貨架上挑選產品，同理，在視覺體驗上，關東煮就得佈置豐盛感供客人挑選。

## ● 巧克力火鍋

還記得前章節我說過的咖啡店員嗎？心裡想著自己想賣哪些產品，卻沒先想清楚客群是誰，為什麼要買自家商品而不選競品？

我們也曾懵懵犯傻，淡水冬天很冷，淡江大學的女學生數量佔比較高，我自以為巧克力火鍋應該會在冬天受女孩子喜歡。推出後發現製作過程有些複雜，使用後的餐具不易清洗，實際上願意花費 150 元購買巧克力火鍋的學生實在太少，故此路不通。如果有時光機，現在的我很想回到過去，質問年輕時的自己：「天氣很冷，同樣是 150 元，客人為什麼不去便利商店購買巧克力或巧克力熱飲，那不是選擇性更多、更划算？妳的巧克力火鍋有什麼不可替代的特色嗎？」顯然，以前完全沒想過這些問題。

## ● 鬆餅、現打果汁

這兩項是為了迎合「年輕客群」所販售的商品，業績就不多贅述了，確實有進步一些些，但對於整體幫助有限。經過多次用心研發、測試後，我們產品的美味程度不輸鬆餅專門店和果汁店家，所以開始有回頭客會來買我們的鬆餅和果汁。尤其是鬆餅，使用冬季的新鮮草莓，洗淨去蒂，疊放在剛出爐香氣四溢的鬆餅上，

淋上煉乳、擠上鮮奶油，不僅美味，經由學生主動拍照分享後，吸引更多同學也想要嚐一嚐新鮮草莓鬆餅。雖然仍舊入不敷出，但比起淡大店剛開業，人氣明顯成長許多。

### • 打拋飯、鐵板麵

在淡江大學學區經營一段時間後，我們觀察學生飲食消費行為，大多數仍舊偏愛鹹食，尤其是正餐一定要吃飽，於是我們又開發了打拋飯和鐵板麵。起初，打拋飯只是我個人的一道拿手家常菜，家人覺得好吃得不得了，比許多泰式料理餐廳都還要美味，沒想到一推出就受到學生喜愛，一週來買兩三次的熟客越來越多。但當時因人手不足、備料動作繁複，所以我們只能採取限量販售，學生常常因此撲空，不得已只好取消此項商品。

最後，鐵板麵有個峰迴路轉的故事，剛推出時銷量並不顯眼，爾後隨著「暢銷商品」的出現而帶動銷量，讓鐵板麵業績由黑翻紅（後續會提到）。

## 成本 3000 元賺回 360 萬元的暢銷商品

你知道嗎？我們曾經欠過卡循（信用卡循環利息）。淡大店低迷之時，當時沒有錢支付工讀生薪水，Jerry 提領信用卡預借現金來發放薪資，我開玩笑的說：「怎麼感覺工讀生比我們還有錢。」

每次信用卡帳單寄來都繳最低金額，總共欠款 18 萬信用卡循環利息。

後來，Jerry 靈光一閃，突然想到以前他在銀行上班時，時常光顧一間賣鍋燒麵的小店，那家小店正餐時間總是一位難求、生意興隆，而且以 Jerry 個人來說，無論冬天或夏天他都習慣吃熱食，似乎和他有一樣飲食習慣的上班族還真不少，他決定要在淡大店販售鍋燒麵試試看，不料從此逆轉勝！

鍋燒麵的出現對百味冷麵淡大店來說，已經無法只用「暢銷商品」來形容，根本是「救世主商品」。成本投資 3000 元，卻在一年就賺回 360 萬元，換算年投報率是 1200 倍，如此驚人的成長，不只讓百味冷麵起死回生，更加帶動店內其他商品業績上漲。

你是否好奇 3000 元怎麼做到的？

主要為購買生財器具之費用，包含：三口海產快速爐 2300 元 + 三個快煮專用雪平鍋 600 元 + 三支煮麵夾 100 元，共計 3000 元。Jerry 用我們手頭上所剩無幾，真的是連奶粉錢都湊不齊的生活費，拿出 3000 元投資了這些器具，釜底抽薪就是他當時的做法。

2014 年經由學生口耳相傳，百味冷麵一躍成為淡江大學大一新生必吃名店，究竟兩年多來我們做對了哪些事情？

1. 用心觀察商圈在地客消費行為。

2. 不斷研發，測試目標客群需要的商品和口味。

3. 不糾結失敗，傾聽顧客反饋，尋找最好的解答。

4. 堅持，不要輕易放棄。

直到我們成為該商圈討論度極高的店家後，店內所有商品因「救世主商品 - 鍋燒麵」的帶動，一夕之間全部成為暢銷商品。

讓我來分析一下後來成功的原因。

- **冷麵**

**因口味與眾不同與新潮形態、孤門獨市，搭配夏季限量之策略，**顧客們趨之若鶩，並成功與各家便利商店做出產品差異化。

某一次夏天，巷口的便利商店員工來買我們的冷麵，閒聊中他提起，他們門市被總公司關切，為什麼在炎炎夏日裡，這家門市的涼麵配貨量這麼低？照理說不應該呀！

最主要的原因就是我們百味冷麵商品太強勢，影響到該便利商店的夏季涼麵銷量，我們生意好到連便利商店龍頭都不禁想要調查。這段往事也佐證一句話：「活著，就有希望」

- **鐵板麵**

上述提到鐵板麵剛推出時銷量不如預期，但因為鐵板麵出餐快速，內用從點餐、上桌到顧客享用完畢，平均 25 分鐘（半小時都不

到）。**以小吃來說，掌握翻桌率等同掌握更多現金收益，而且外帶客人日益增多**，學生覺得很方便，有時上課趕不及，買了就走。即便一開始成績不理想，但聽到客人對於口味的認同，加上 Jerry 看準此項商品長期具有翻桌率績優股的特性，所以，我們持續堅持做對的事，讓鐵板麵一路開低走高。

- 鍋燒麵

如果說在我們創業歷程中有什麼奇蹟的話，鍋燒麵這項暢銷商品大概可算得上名列前茅。仔細回想，也或許是我們當時不了解商圈環境，加上新手創業各種認知思維尚未提升，明明普羅大眾都能接受鍋燒麵熱食，怎麼一開始就沒想過呢？**而且人家都已幫我們教育好市場了，順勢而為直接拿去用就好，著實不用花太多腦筋。**

以上三樣暢銷商品：冷麵、鐵板麵和鍋燒麵就像共伴效應一樣，**當它們同時產生經濟收益時，增長效果出奇明顯**。單日營業額從以往最低的 820 元爆漲破 3 萬元（平均客單價為 70 元），2014 年 5 月 14 日營收是 39,180 元，創下歷史最高紀錄，如果當時有外送平台，營業額還可以再衝得更高。

來客數也從寥寥無幾 20-30 位左右，爆增到超過 500 人次以上，為了瞬間消化出餐單量，我們工作上的抗壓性，在那段時間也同

時跟著大幅成長。沒有親身經歷過真的不會知道，看似樸實無華的鍋燒麵竟然能一枝獨秀、帶動翻轉，讓原本門可羅雀的蕭條樣貌，變成門庭若市的蓬勃景象。

除此之外，Jerry 開始越來越懂得如何帶領夥伴團隊，而我也在低潮的時候，慢慢觀察左鄰右舍怎麼做生意，學會創造高翻桌率的要領。換句話說，他帶人、我帶位，我們分工合作，最高紀錄一個餐期一個位子，我可以創造 5 次以上的翻桌率，還不包含外帶（一般 3 次就算很不錯）。關鍵是，我對於用餐人流的時間掌握度異於常人，加上嘴甜勤勞動作快，團隊夥伴之間默契良好，一切的總合，造就翻身的可能。

後來，那筆 18 萬的信用卡循環利息，Jerry 花兩個月時間把它還清，另一部分的獲利金額拿去存款，預備下一家店的發展資金。

雖然生意好轉了，但不同階段有不同的煩惱。營收慘淡的時候擔心發不出薪水，營收亮眼的時候擔心店家舉報。由於當年店面位於巷弄地方狹小，排隊人龍時常超過三個店家，附近業主因為受不了我們天天擠爆，排隊排到鄰居怒火沖天，直言要打電話報警，衍生出其他需要立即處理的難題，那又是另一層面的考驗。Jerry 和我當時顧店，時常要跟附近店家的老闆、老闆娘道歉，擋住別人的店面、影響他人的動線，無論什麼道理都是說不清的，會做事不夠，還要懂得人情世故。

> 百味冷麵淡大店的任何一款暢銷商品，都是經由時間的打磨和市場接受度的考驗，粹煉成當地既暢銷又賺錢的明星商品，這些成績從來都不是一蹴可幾。

我們捱過寒風刺骨洗碗洗到雙手龜裂流血，忍受過生意冷清食材報廢丟個不停，也曾經兩人一起面對生活的困難，盯著結婚時丈母娘送給 Jerry 的那條金項鍊，考慮著要不要拿去典當好換取現金度日。

餐飲創業，看上去繁華似錦，實則蘊含沉澱的山河歲月。

在你覺得快要支撐不了的時候，多多思考「要如何活下去？」逢山開路，遇水搭橋，堅強的求生意志會帶領人通往另一條道路，透過不斷嘗試，最終找到可以翻身的暢銷商品。

# 設計一個拯救品牌的指標性餐飲商品

> 這是抓住顧客注意力的極限挑戰，請用一秒鐘讓人記住我是誰。

我們先玩個接龍遊戲，以下列舉幾個知名品牌，請先不要看答案，當這個品牌名稱出現時，只有一秒鐘時間讓你聯想相關商品，你會想到什麼品類？待會你再看看我們想得跟你是否一樣。

- 麥當勞

- 肯德基

- 星巴克

- 達美樂

- 海底撈

- 鼎泰豐

想好了嗎？那來看一下我們的回答吧！

麥當勞漢堡，肯德基炸雞，星巴克咖啡，達美樂 Pizza，海底撈火鍋，鼎泰豐小籠包（雖然我比較愛鼎泰豐的炒飯）。如果時間只有一秒，沒有思考餘地，你知道這些品牌主力商品是什麼嗎？可能大部份的人都回答的出來，這就是這篇我們想說的重點：**品牌力往往就在一秒內定江山。**

## 一秒定江山的時代，創業者的行銷思維

我哥哥 Stan 是位非常出色的商業空間設計師，目前效力於國際知名潮流品牌。以往有段時間，我向他學習平面設計，他在教學上一絲不苟，其中有個細節令我永生難忘。

他說無論是要製作傳單、戶外 POP 看板、網路宣傳及任何媒介素材，皆需要在「兩秒鐘」之內讓受眾記住我是誰，**要讓受眾一眼就明白廣告所要表達的商品（或宣傳內容），反之，則會喪失高效的商業利益價值。**

有研究顯示，人的專注力逐年遞減，至今年大約僅剩 8 秒鐘。聽起來 8 秒鐘好像已經很短了，然而，在快速變動、短影音稱王的時代，幾秒鐘的露出都關係到一個品牌商品的生存。有效的吸睛廣告，好比專注力的極限運動，**需要一秒鐘搞定一個重點、兩秒鐘劃清一個目的**，超過三秒客戶便很容易失去興趣而離去。

設計成功的餐飲商品是一門學問，比方說，一秒鐘要做到讓客人知道是誰在賣牛排、哪裡可以享受好吃的拉麵、何處可以喝到醇香的咖啡，亦或是可樂何時會推出新限量商品；另一方面要讓人知道是王品牛排還是君品牛排，是一蘭拉麵還是一風堂拉麵，是星巴克咖啡還是路易莎咖啡，是可口可樂還是百事可樂。

或許大家心裡會想：「拜託！這誰不知道啊，還要妳說？」但是，多數人所知道的知名大品牌，他們是利用不間斷的廣告、宣傳、試錯、推陳出新，以及每年成千上億的行銷預算支持，積年累月觸及民眾的生活，一點一滴拓展市場，進而深植人心，從而建立起廣為人知的知名品牌。

◆◆◆

**我想說得是，行銷與廣告不像花錢蓋個廠房，效益在短期看不到、摸不著。**

請相信我們，當自己出來創業，開始要自負盈虧時，很多人會突然腦袋一片空白，變得不知道該怎麼做比較好。更準確的說，不確定所付出的預算與時間，究竟策略對還不對？想和知名品牌一樣，讓大眾認識，的確沒那麼容易。

接下來我們講述如何設計一個拯救品牌的指標性餐飲商品。如果你是創業小白或品牌新手，正苦惱不知道如何讓人認識你們，希望以下的實際案例能給你一些靈感。

# 少即是多，創造價值的指標性商品

2016 年 5 月 JK STUDIO 開幕，提供溫馨不拘謹的用餐環境，感受熱鬧氛圍的新義法料理。那時我們販售好多商品，品項不多啦……整本菜單加起來洋洋灑灑 139 樣（這位老闆娘妳開玩笑吧！）。說實在，連我自己拿著 MENU 都有選擇障礙，更惶論廚房備料不易、儲物空間有限、人員訓練困難、顧客點餐耗時…等等缺失，當時真的經驗甚少。

再加上第一次挑戰中價位的品牌餐廳營運，**完全不懂定價策略的我們誤用「成本堆疊定價法」，而非採取「商品價值定價策略」**，不知道說在消費者認知當中，西餐、排餐等重視裝潢氣氛、服務品質的餐廳，該如何定價、該如何爭取利潤空間？我倆在這麼多的未知當中摸著石頭過河，直到損失慘重，險些瀕臨倒閉的局面。

Jerry 為了挽救頹勢，每日思考該怎麼樣才能轉虧為盈。某一天，恰巧在美式賣場看到戰斧牛排，他覺得視覺很吸睛，心生想要販售戰斧牛排的想法。起初先買回一份請主廚試著料理，品嚐後大家對於口味方面反應都很好，但弔詭的是，說到要推出市場做長期販售，餐廳內部所有人員都開始反對 Jerry 的這項提議，反對的原因很有趣：「誰會為了那根骨頭買單？」同仁們一致認為一支戰斧牛排超過 40 盎司，光是那根巨骨大概就 10 盎司，佔了四分之一的重量，客人怎麼可能會願意花錢買骨頭？

但 Jerry 不這麼想，那誰能解釋，為何會有饕客心甘情願地為分子料理中的泡沫買單？

分子料理是指標性商品代表之一，吃得不是泡沫，**是它周邊所有累加起來的附加價值，包含：主廚名氣、餐廳裝潢、服務品質、行銷宣傳和情緒價值**。而那時 Jerry 看中戰斧牛排極具氣勢與吸睛的商品賣相，也正是用類比分子料理的方式思考商業模式。Jerry 說：「重點在如何做出價值感？」想辦法把戰斧牛排最大力度的呈現「質感」與「值感」，顧客不是不願意為骨頭買單，而是我們的差異化是什麼？我們為客人創造了哪些價值？

可是問題來了！道理或許很多人都懂，知易行難，該怎麼銷售才比較好呢？時間來到 2017 年，開業後已一年多，那時我們已經沒有多餘的周轉金允許我們一錯再錯，再不挽回頹勢，Jerry 和我就要準備背起負債找工作去了。

後來經由朋友介紹幸運認識一位貴人，一日，朋友熱心私訊 Jerry 說：「我的電商老師 邱煜庭（以下稱小黑老師）在臉書公開說你們家的餐點好吃，簡直無雷餐廳。」被鼓勵的當下，Jerry 藏不住的擔憂讓朋友知道了，朋友主動推薦 Jerry 去找他的老師聊一聊，並介紹這位小黑老師在業界聲名遠播的影響力。沒多久我鼓起勇氣邀請，希望能向專家學習關於行銷的問題、討論苦惱已久的困惑。

幸運地，小黑老師答應我們的邀請，席間 Jerry 向小黑老師請益：「JK 的戰斧牛排，怎麼賣會比較好？」這商品我們當時只會做，不會賣。

小黑老師反應好快，他說：「這東西很適合聚餐，若是規劃成四人

或六人套餐，當成 JK 的特色主打、指標性商品，應該會很不錯！」他不藏私的繼續分析許多細節讓我們知道，我則是筆記抄個不停。

Jerry 聽到時眼睛整個發亮，頻頻點頭，並露出難得燦爛的笑容，因為那段期間，小黑老師是唯一跟他有相同價值觀的人。他沒有認為誰會不會為骨頭買單，反倒是幫我們對症下藥、指點迷津，老師的出現對當時的我們來說，無疑是一線生機。那場飯局我一邊聽他們說話，一邊抄筆記，我小心翼翼地希望不要落下任何可以拯救餐廳的重點。

我到現在都還記憶猶新，那次小黑老師身旁美麗的太太對我說：「我第一次看到有人跟我老公吃飯，還邊吃邊抄筆記。」至今我仍然對他們滿懷感激。

聽取小黑老師的建議後，我們調整菜單，刪掉許多無益於營業額成長的菜品，重新從成本分析開始，思考四人和六人套餐的豐富性，還有客人想要的是什麼？制定較能夠被接受的價格區間，以及尋找需要、喜歡這項指標性商品的客群。比如：尾牙、春酒、慶功、生日、聚餐…等等之顧客。他們屬於喜歡份量澎湃、足夠吸睛，拍照打卡發社群，好友會瘋狂按讚的族群，不只五臟六腑被征服，情緒價值也被滿足。

為了讓客人覺得「值了！」我們不只花錢找專業攝影師拍攝指標性商品的視覺形象，特地挑選超過 42 盎司的戰斧牛排，用心設計讓視覺擺盤超吸睛，更把整個四人套餐和六人套餐的多樣性和飽足感，在成本可控內做到極致，等產品都設計好了，口味也收到

顧客良好回饋後，開始不停地投放網路廣告。

2018 年尾牙季開始，迎來我們的名菜「美國極黑戰斧牛排 42 盎司」業績大爆發！世界 500 強企業，只要是分公司設在台北的，幾乎都曾包場過 JK STUDIO。靠著他們的口碑宣傳，A 部門介紹 B 部門，B 部門再介紹 C 部門，同事們相繼前來聚餐或包場。香港 TVB 美食節目、三立愛玩客美食節目不約而同看到這個巨大無比的戰斧牛排，還主動打電話和我們預約拍攝節目，讓我們不只賺到現金也賺到曝光。

## 台北晶華酒店也跟進

JK STUDIO 從起初（單店）一個月只能賣 2 支戰斧牛排，到月熱銷超過 100 支戰斧牛排；Jerry 從自行零散取貨，到廠商專程致電：「張先生，船快靠港了，這次需要幫你預留幾箱戰斧牛排？」

從一開始極少客人會點戰斧牛排，店內夥伴還會行注目禮向客人表達感謝，到顧客們慕名前來，幾乎每張餐桌人人都吃戰斧牛排。

還有一幕使我們印象深刻。某次，一台七人座廂型車，停在我們台北信義店餐廳門口，一群人下車直喊：「就是這裡！」（內心小劇場：不會吧！來火拼的？）接著這群人直奔店內說：「請問還有位子嗎？」他們是因為看到 KOL 分享，專程前來體驗戰斧牛排套餐的客人。剎那間，我聯想到電影《食神》，一群人衝進去店內吃撒尿牛丸的經典畫面，我不禁莞爾。

然而最讓人開心的是，2024 年起，台北晶華酒店也開始用「美國極黑牛戰斧牛排分享餐 60 盎司」作為特色商品之一，JK STUDIO 真的太棒了！成功引領同業打開戰斧牛排市場。當我看到晶華酒店這樣賣戰斧牛排時，你知道我有多開心嗎？真的好有成就感！

## 小品牌如何在市場上反敗為勝

為什麼我覺得有成就感？因為在台北，戰斧牛排是靠 JK STUDIO 這個小蝦米品牌，把這項細分品類牛肉產品賣到火紅、發揚光大的！但更早些年前是晶華酒店和美福牛排先推出，市場反應不慍不火，所以戰斧牛排的市場，一直沒有被打開。

Covid-19 疫情之前，JK 戰斧牛排銷量與市佔率，遙遙領先大型集團相加的總和。但為什麼 JK STUDIO 可以開出紅盤？因為客群定位、用餐場景和價格設定，均接近一般客人，滿足大眾消費者需求。加上我們是小品牌創業者，初創時管理層僅只一層（超級扁平），無論做什麼嘗試都沒有包袱。

其中有三大運營原則，讓我們一舉獲勝：

⇨游擊隊戰略，小品牌適用。

⇨快攻快打模式，兵貴神速，效率至上。

⇨行銷手法助攻，線上社群擴散，線下口碑宣傳。

如果有人問我們，會不會擔心瓜分市場？

答案是：不會。

因為就是要有多一點有品牌力的公司共同努力，戰斧牛排這項產品才會越做越好。讀者們請把戰斧牛排想像成「烤鴨」，就是那種概念。越多有品牌力的單位投入，戰斧牛排的貨源供應才會越來越穩定，廚師的技術才會越來越精良，餐廚設備與維修才會越做越普及。

在本書裡，Irene 大膽猜測，JK 戰斧牛排無疑是給了台北晶華酒店一劑強心針！我們讓同業看到「原來戰斧牛排可以這樣賣」。因為從大品牌的經營角度來看，他們不太有機會像我們一樣，量體很小沒有包袱，隨時可以帶著鋼盔往前衝。大品牌在觀察市場一段時間之後，發現 JK STUDIO 這個小蝦米品牌，這樣賣不只行得通，而且還連開了好幾家分店。無論是口味呈現、網路聲量、客群培養都有一定程度，此時再選擇跟進可降低試錯成本，大幅提升成功機率。

所以，讀者們請留意，大小品牌的指標性商品策略不太一樣。我相信，不管是小品牌快攻快打的游擊隊戰略，還是大品牌在穩定中求發展之規劃，大家的做法或多或少都有值得你參考的地方。

# 結語

商場如戰場，倘若用「一『戰』成名」來形容我們這場仗，真的非常貼切。**我們光靠戰斧牛排這個特色主打、指標性商品盤活了一間餐廳。**在低潮中，仍不忘用正向心態，認真向專家老師學習，落實他所指導的步驟，如此才挽救一個原本岌岌可危的餐飲品牌。

如今我們把菜單上的名稱改為「JK 經典戰斧牛排」，透過我們實際操盤的案例，我把如何設計一個成功的指標性商品的要領整理如以下六點：

1. 找出你可以為消費客群創造需求之商品，或如何滿足他們情緒價值？比如：夠大、夠美、夠獨特、夠實用 .... 等等。

2. 計算成本包含：食材成本、損耗、存放空間、人員管理、行銷廣告 ... 等等。

3. 制定可被市場接受的售價（單點或套餐）。

4. 重新整理菜單品項（在精不在多）。

5. 拍攝吸睛照片或短影音，並邀約部落客、美食網紅和 KOL 合作體驗。

6. 廣告就是廣而告之，計畫可負擔的廣告預算，借力使力。

小米創辦人雷軍曾說：「少即是多，一定要專注，簡單就是我們的核心競爭力。」

我們知道創業千頭萬緒，不要心急，不要一開始就想把所有商品都做好賣出去。我常說：「做一份好吃的戰斧牛排和做一萬份好吃的戰斧牛排，完全是兩回事。」

試著專注，從打造一個成功的指標性商品開始，一步一腳印展現自我實力。

**Part3**

# 開店經營你必須
# 面對的問題

# 開店請先做好熟客培養，善用主場概念

◆◆◆

**開一家店，請重拾人工精神與價值吧！**

草創第一家店時不像現在那麼方便，現在有餐飲 iPad POS 系統可以協助餐飲業者一臂之力，舉凡和餐飲開店有關的功能，大部分皆一應俱全，如今開店省力很多。早期我們無論點餐、結帳、食材紀錄、庫存管理、來客分析 ... 等等各種，全都是使用紙本，晚上回家後，再利用電腦的 Excel 做紀錄。

這樣的非雲端數位化方式，看起來好像沒那麼先進，不過，有個好處是少了頻繁操作數位系統的時間，就可以多出許多和客人真實互動的機會。

這一篇想與你分享當年還是一家小店時，我們怎麼用人工方式培養熟客？

**這樣的人工精神，深深影響我們後來創業 JK STUDIO 熟客培養的**

模式。科技發展，固然有益於商家更好的經營，但就小型餐飲業主來說，除非，一開始的策略即有投資人規劃連鎖幾十家、上百家，需要導入專業的軟體系統幫助，不然說實在話，起初倘若就一家小店而已，好好學習 Excel 其實已經很夠用了，需不需要花上一筆費用購置軟體服務？每個人答案可能不同。但創業剛開始，如果手頭資金有限，建議大家一步一步來，因為我們認為強化人工精神與價值，仍然有其必要性。

## 把心思放在「人」身上

2011 年，我們在淡江大學周邊商圈開了一間「百味冷麵」，主要販售冷麵、鍋燒麵、鐵板麵，以特色麵點為主的校園美食。淡江大學占地廣闊，我們的店址就位於大學城北新路一帶，主要經營兩大客群：學生和鄰近住戶。非常有自信的說，Jerry 和我很會經營熟客。

在校園旁開店，經營平價小吃有三個重點：

| 經營訣竅 | 說明 | 舉例 |
|---|---|---|
| 口味 | 餐點應用料實在，過老闆自己這一關並且喜歡，請家人朋友試吃，如果評價不錯即可過關。無法滿足所有人，但應該是多人讚美、少人嫌棄即可。 | 邀請家人朋友試吃並收集反饋。 |

| 經營訣竅 | 說明 | 舉例 |
|---|---|---|
| 價格 | 訂價需符合客群消費能力，確保產品價格讓主要客群（如學生和住戶）能夠負擔得起。 | 百味冷麵產品均價：冷麵 50 元、鐵板麵 70 元、鍋燒麵 80 元。 |
| 人情味 | 將心思放在客人身上，強調與顧客的互動和人情味，提升顧客體驗和忠誠度，即便在沒有 iPad POS 和 LINE 會員經營的年代。 | 提供個性化服務或與客人建立良好互動。 |

例如：

- A 同學是大二英文系女生，長髮、愛漂亮，因為怕胖而且剛交了個男朋友，喜歡吃低熱量的冷麵加泰式酸辣醬，購買商品盡量要和低熱量有關，比如：偶爾會吃海鮮鍋燒麵。

- B 同學是夜間部的男生，大多下午 5:40 出現，因為剛下班趕著要去上課，所以每次來都外帶大份的鐵板麵加德式香腸，帶到教室邊上課邊吃，外表看起來有點木訥。

- C 客人是附近的住戶，同時也是淡大註冊組職員，這位媽媽很健談，每次來我們都會聊聊淡大今年的招生狀況或有關學校的新聞。平均兩周會來買一～兩次，偶爾換換口味，買給小孩或剛下班的先生享用。

上述的三位客人都是真人，我們以前的熟客。而經營方式據我們的觀察：

**口味和價格影響營業額大約合佔50%，人情味獨霸50%一點也不為過。**

百味冷麵在淡大商圈營業八年，前四年的主力由 Jerry 和我親自服務客人，我們對於熟客的輪廓掌握度相當高，趨近於行銷老師們所教的 Persona 人物誌這一塊。這幾年流行線上課程，當我在看邱煜庭老師教這門知識的時候，感覺很有親切感也很快就上手，這歸功於早年我們自己顧店有很大的幫助。

對於一家平均一日營業額兩萬元左右的小店來說，會常來的熟客也不過就那一些，與他們互動、關心熟客的近況，是創業初期很基本的訓練，也是我認為老闆和店員應該要做的事。如上舉例，那麼我們會怎麼和熟客互動呢？

- 大二英文系 A 同學，在夏天穿著熱褲來購買，就說：「哦～～妳瘦好多哦！妳不要太瘦耶，太瘦不好看。」客人就等著我講這句，不然這麼辛苦減肥，穿熱褲是為了什麼？就算她不是真的瘦超多，但聽到讚美，她心花怒放的帶著餐點離開，很快會再來討拍。她買的不只是冷麵，更多的是讚美所帶來的附加價值，會讓她在吃那碗麵的時候，心情更好一些。

- 夜間部 B 學生來外帶，就說：「今天一樣嗎？剛下班齁？今天在公司還好吧、不會太累吧！」通常會得到對方回覆：「嗯，

還好。」對男生簡單幾句就好，客人木訥沒關係，主要是讓對方感受到有人關心他就可以了，來我們這邊買個晚餐，順便轉化一下急急忙忙下班趕路的心情，再去上課。

- 註冊組職員 C 客人一來，就說：「今天是誰要吃啊？」不管他們家是誰要吃的，我都會說：「那我幫你多加個料。」媽媽客要的不多，就是買菜送蔥的概念，幫她加料讓客人有賺到便宜的感覺，是最好培養熟客的方式。

我出賣一下 Jerry，當年他有個比較特別的培養熟客方法，他都自稱他是淡大商圈最帥的老闆、顏值擔當。那時頭髮還是全黑的，身材也還未發福，瓜子臉蛋、深邃五官，他都說自己靠臉吃飯（很會往臉上貼金）。所以，客人一來他就微笑，哈拉幾句，煮麵給客人吃，這樣就有熟客了，而且還很死忠。可惡啊！我就不懂，為何他這樣就有熟客，我要被叫阿姨才有熟客？那年我 33 歲，大學生叫我阿姨（我哭），雖然不想承認我已然是大學生心中的阿姨，但想想這種親切感可以培養熟客，好吧！為了五斗米，隨便學生怎麼稱呼，阿姨就阿姨吧！

總之，**小店在口味與價格均能滿足目標消費者的基礎前提下，與熟客互動，講求人情味，是 POS 系統與送餐機器人無法取代「人」的那份真實價值。**其實不需要在創業一開始，就撥出那有限的預算搞台 iPad 和軟體。我發覺尤其是在台北都市裡，很多小型店家喜歡在點餐時一直看著 iPad，按啊按的，很少與客人互動。我就不懂，還不如攤商阿姨一句：「妹妹～今天吃什麼？」拜託～我這

等年紀還被叫妹妹，只要東西不難吃，說什麼下一次有機會我都會再去光顧。

## 服務業人員如何不被 AI 取代？

各大餐飲品牌購置送餐機器人已是常態，絕大多數是為了減少餐飲業缺工所帶來的衝擊。餐廳業者在裝潢前期，早已將送餐機器人的跑道路線劃至設計圖內，包含路線寬度、可用里程數、服務桌數 ... 等等，甚至連結 POS 系統，不僅功能強大，重點是它正在快速迭代更新中，並開始廣泛應用於其他地方，等於餐飲業者真的能夠用極少的人力，達到原來 80% 的效果。台灣知名小籠包領導品牌，也早已將領檯人員設定由機器人帶位入內，所以，服務業人員如何不被 AI 取代？

講兩個我親身經歷的事件。

第一個，某次我經過台北捷運雙連站的某咖啡品牌外駐點，由於擺在櫃台前的濾掛包插圖設計吸引了我，我停下腳步端看大約兩分鐘，在想我要先買哪幾包回家試喝看看。就在這時，兩個年輕的打工小妹妹，手上拿著 A4 報表，一個人在教另一個人怎麼按 POS 機，完全沒有要招呼客人的意思，彷彿她們此刻不學會 POS 就會被炒魷魚似的，於是，我就走了。

第二個，由於我非常喜歡台北某五星級飯店烘培坊的麵包，只要有經過我幾乎都會去光顧。某一回，我走進烘培坊，大概是那天

下午有點晚去，產品稀稀落落所剩不多。我向門市人員詢問：「請問 OOO 麵包還有嗎？」

你猜怎麼著？店員從頭到尾用背影跟我說話，她忙著在按她的POS，電腦螢幕正對著客人，我側頭偷看了一眼，密密麻麻的表格，不知道她此刻忙碌的意義？或許真的是有很重要的資料要輸入，但營業時間，那個資料有急到連花個 10 秒鐘轉頭回覆客人的時間都沒有嗎？而且我的口氣、態度都是溫柔的，店員從我進門到離去，轉過身看我一眼都沒有，自顧自的按著滑鼠、看著螢幕，讓人感覺她好忙、好忙！想當然爾，我連退而求其次考慮買其他商品的念頭都直接打消，轉身離去。

◆◆◆

> 經由這兩個事件，我深深有感在這AI崛起的世代，大家都關心怎樣不被機器人取代，卻很少聽到有人討論要回歸最基本的功夫：把心思放在「人」身上。

我知道每家店都有好多報表要建檔，但很想跟店員說：「嗨～客人就在你面前，請看我，不要一直看著螢幕。」我講這兩個例子，不是要批評哪個品牌，**而是客人不會從 iPad 裡跳出來，真金白銀也不會從螢幕裡伸出一隻手掏錢給你**，此時此刻的工作是服務客人，不是爭取時間填報表。服務人員報表做得再好，都不及為門

市累積熟客、提升業績來得強！

我相信這對創業者來說，不難！難就難在請了員工後，不是每個人都可以像創業者一樣把客人視如己出。當我們在看不同店家案例的時候（包含敝公司），很多人的表現都讓我不禁搖頭：「就眼睛看著客人，面帶微笑好好說話，真的有這麼難嗎？」

以 JK STUDIO 為例，雖然我們現在是餐廳型態，也具有一定程度的規模，但對於熟客培養的底層邏輯和我們當初開一家小店時，幾乎是一模一樣的。品牌主或企業主管在訓練第一線門市人員、培養熟客經營時，除了要有固定的 SOP 作業流程、定期職員教育訓練，加上業績獎勵制度以外，還需要讓他們利用主場概念。

## 讓服務人員活用主場概念

「主場概念」翻譯成白話即是：

◆◆◆

> 這是我的地盤，我是這裡的主人，我比任何來這消費的客人都更了解這裡的環境，甚至，我有特定權限能夠代表餐廳好好招待熟客，讓熟客感覺尊榮與賓至如歸。

舉個例子，多年前，我和家人一起到台北市中山區的龍都酒樓吃飯，請客的長輩是龍都的熟客，因為某道菜有些瑕疵，服務我們這桌的大姊讓我印象非常深刻。她聽到客人反應菜品有問題，起先並沒有連忙鞠躬哈腰地道歉，而是幽默的用台語說：「你等我一下，我來去廚房看師傅是不是在偷懶。」沒過多久，一盤新的同款菜色熱騰騰上桌，還招待了其他小菜，這時服務我們的大姊一樣用親切的台語說：「啊～拍勢啦！我剛已經去罵了師傅，叫他上班給我認真一點！」服務生大姊彷彿老闆娘口吻，我們整桌客人都被這位服務生大姊給逗笑，沒有人不滿意的。**我到現在都還記得她當時那種主場氣勢與服務的親切感，厲害！**

當然，在我們餐廳的外場人員可能比較不適合用龍都大姊這樣的口吻。但其實，Jerry 一直在教育 JK STUDIO 的外場同仁**「主場概念」，並下放權力給外場主管，請主管帶著夥伴們用一定的特許權限去適當的服務客人。**

比如說培養自己的熟客時，外場夥伴可以給熟客招待前菜或甜點，生日贈送精緻生日蛋糕，或者在餐廳熱門時段，先幫熟客安排好一點的用餐位置，甚至，VVIP 光臨時，自帶葡萄酒我們會免收開瓶費。這一連串的外場服務訓練，其重點就是：「您來我家吃飯，我是這裡的主人，我很高興您和朋友這次的到來，我肯定會好好服務您。」真正地做到把心思放在「人」身上。

這樣的觀念及訓練持續一段時間下來，有一部分的夥伴真的讓我們很驚豔，表現得可圈可點，那些對於熟客經營外顯積極、進退

得宜的夥伴，通常跟職位和薪水高低沒有關係，這結果倒是個有趣的發現！他們有個共同特色，總是面帶微笑，自然與顧客侃侃而談，彷彿這是他家，由內而外散發出「我真心歡迎您來」的熱忱。這些外場人才可遇不可求，能夠遇到真的是我們幸運，本身的自信條件良好之外，Jerry 也會告訴我們外場人員：「記住！你並非只是個端盤子的。」

## 一位客人的背後有十位客人的影子，甚至更多！

我們一向很不能認同餐飲業外場就是個端盤子的這種說法。Jerry 認為，講白了就是因為台灣市場飽合、過於競爭，一堆人把自己的餐飲行業給看扁了，順帶安慰自洽：「是不是學歷不高才去端盤子？」動不動 90 度鞠躬、跪著送餐、無條件順從某些客人的無理要求。長此以往，如何期待餐飲業能得到誰的尊重？

Jerry 運營餐廳和經營熟客的做法與上述正好相反。

早期 Jerry 總是在台北信義店一邊服務，一邊與顧客自然招呼，期間關心客人餐點口味的接受度，或者與客人在用餐尾聲話家常聊聊近況。這些年下來，他認識許多優質的熟客，他們學識、品德、財力兼備，是一群富有社會資源的人。這群熟客私底下都非常謙遜有禮，對我們夫妻倆以及店內的基層服務人員都很客氣。

我還記得，一對李氏夫婦時常來光顧，他們覺得與 Jerry 很投緣。李先生本業從事貿易，辦公室和住宅位於上海精華地段。他們和

Jerry 說：「有空到上海玩，再來我們家坐坐。」

某年，Jerry 和我到上海旅遊，因為不確定之前聽到的是不是客套話，想說聯絡看看李先生和李太太，結果得到熱情邀約。從台灣出發前，我們雙方即安排好拜訪的行程，於是乎，那次我們真的去了李先生和李太太位於上海的家。一去到那，我彷彿到了另一個世界。那是個緊鄰高爾夫球場的豪宅小區，每戶皆獨棟獨院，後來我才知道，中國某屆首富曾經住在這裡。參觀完豪宅之後，李先生和李太太帶我們去吃飯，去到餐廳，我更驚訝了！我像個劉姥姥逛大觀園似的驚嘆不已。那間高級餐廳位於陸家嘴某棟金融廣場的高樓層。其餐廳景觀只有「無敵」兩個字可以形容，從我們的餐桌右手邊一大片落地窗望出去，上海最經典的地標：東方明珠塔，上面的那顆球體就在我的正旁邊，感覺像坐在台北 101 的阻尼器旁，視覺上的震撼無法用言語形容，這種用餐體驗著實令我印象深刻。

有幸被熟客李先生和李太太邀請，這頓飯讓我理解和感受到，為什麼他們喜歡和 Jerry 聊天的原因。因為 Jerry 的態度不會因為戶頭存款少人家好幾個零而感到自卑，覺得低人一等。反倒是，Jerry 會侃侃而談自己的創業理想、經營餐廳的過程、從小到大家裡長輩培育他的人格養成 ... 等等。而李先生和李太太也如同貴人般，就商場上多年待人接物的經驗，大方地和 Jerry 交流分享，整個用餐過程，自然又舒心。

同理，Jerry 把「**認真做事、真誠做人、舒心談話，加上主場概念**」，

這樣一系列的做人做事風格帶到 JK STUDIO 的熟客經營培訓上。多年下來，得到一些令人感動的收穫。

我舉例三個故事給大家參考。

1. JK STUDIO 義法餐廳（桃園華泰店），自 2021 年第四季開幕至今，有一位熟客王先生和他的家人，一共來消費 56 次，我們真的就像他們家的「造咖（廚房）」一樣，靠著華泰店外場夥伴們的努力，每回都溫馨接待。王先生從事貿易，在台灣和美國均有置產。有一次，他對我們外場夥伴說：「跟你們老闆說，這家店疫情要撐著，千萬不能收起來哦！不然我回青埔會不知道要吃什麼。」聽了讓人想流淚的貼心鼓勵。

2. 另一家店，JK STUDIO 法式餐酒館（大直忠泰店）也有一位神秘的超級熟客黃先生。黃先生是某金融公司的總經理，半年之中總共消費多達十幾次，除了大力感謝黃先生以外，不得不佩服大直忠泰店外場夥伴在熟客經營這方面，可說是完全不輸桃園華泰店呢！

3. 然而最讓人感動的是 JK STUDIO 的熟客，也就是幫我們寫推薦序的彭俊人先生 (ToShi) 和謝智超先生 (Tiger)，他們是 Jerry 和我很重要的熟客。從 JK STUDIO 創始至今，我們相互認識有七年了，他們一路看著我們成長，從一家街邊店發展至今。我們也看著 ToShi 翻譯日文書籍一本本的上市，看著 Tiger 和夫人 Evelyn 的小孩出生長大，這種緣分真的很奇妙、很美好。

之前因疫情影響，我們生意一落千丈，直到聽到衛福部解封餐廳內用限制時，ToShi 立即號召他們扶輪社社友來到我們餐廳包場聚餐，他希望能夠幫到我們，讓 JK STUDIO 盡快復甦。另外，疫情三級警戒大家足不出戶的那個時候，為了生存，Jerry 請甜點主廚推出長條蛋糕販售，Tiger 連吃都沒吃過，第一個跳出來說：「Irene，來十條蛋糕，我送人。」；2023 年中秋節，我們首次嘗試製作蛋黃酥禮盒，他還是沒吃過，又第一個跳出來私訊我：「Irene，來個十盒蛋黃酥，我送人。」真的非常感謝他們總是在背後默默支持著我們。

有一次，Tiger 跟我說：「近來很火紅噢～很高興看到你們有這般光景。」

我說：「有您在背後支持能不火紅嗎？哈哈」

我們就是這樣，私底下帶點俏皮與熟客們像朋友般的來往，但檯面上的工作，我們一律認真看待，不會因為認識久了彼此熟絡就打馬虎眼，這是絕對不可以犯的錯誤。因此，大家在經營熟客時要特別注意這一點。平時我喜歡和同仁們分享我自己的觀點：「一位客人的背後有十位客人的影子，甚至更多！」而我在閱讀《窮查理寶典》時也學到一個很受用的做事方法，查理 芒格論吸引客戶：「關鍵是把手頭工作做好………把手頭工作做好。把已經擁有的客戶照顧好，其他的自然會來找你。」

JK STUDIO 品牌餐廳在服務上沒有超乎常理的款待，因為我們喜歡中庸之道，過猶不及都不是 JK STUDIO 的風格。我們希望客人

在這裡用餐，您是輕鬆的、您是自在的。幸運的是，剛好就是這種讓人舒心的態度客人接受、客人買單，社恐的人也不用害怕我們會不會來過度打擾。

**就像 Jerry 平常在和同仁們溝通的重點一樣，你是客人的話你會怎麼想？**當然客人百百種，所以培養外場夥伴識人、同理心和觀察情況就顯得格外重要。久而久之，這套方法它自然形成精品餐廳的氛圍，然後吸引更多高質感的顧客，造訪我們一系列的品牌餐廳。當然，固定的 SOP 作業流程、軟體系統輔助（會員經營＋訂位系統＋POS 系統）、定期職員教育訓練，以及業績獎勵，該有的福利與制度，敝公司一樣都沒少。Jerry 的理念是，不要怕分錢，有錢大家賺，盡我們最大誠意照顧員工。相對地，他也會跟員工說，請夥伴們盡最大的善意與責任感，好好地服務顧客，使 JK STUDIO 這個品牌有口皆碑。

## 結語

許多餐廳因經營模式不同，均設有最低消費（簡稱低消）之規則，有時候客人不一定知道自己的消費是否有達到低消，外場人員需要提醒客人、幫助他們了解餐廳低消的規則。

換你想想，如果你是外場人員，客人沒有達到低消，你會怎麼有技巧性地跟客人說？

**Jerry 在傳承說話的藝術這方面，他分三個層級教育員工，分別為：**

**笨蛋級、SOP 級和模範級。**

當客人未達低消，笨蛋級的回答通常是：「您未達低消哦！我們公司規定每人低消 600 元。」各位服務夥伴，這種話千萬不要從自己的嘴裡說出口，真的是笨蛋才會這樣講。你要是客人，你有什麼感受？會不會想：「是怎樣！看不起人是不是？我花不起錢嗎？」服務生那番話，真的很容易得罪人啊！

再來，SOP 級是這麼回答的：「您好，跟您重複一次餐點內容....，由於此次用餐未達低消，您今天有開車嗎？還是我幫您推薦適合餐點的酒款，豐富您今日的用餐體驗。」這是 80% 餐廳主管教得說法，一聽就是訓練有素 SOP 的人員。對於一般而言，算是可以過關了，大多客人也能接受這樣的回應。但是，如果遇到「不能喝酒、不喜歡喝酒」的客人，外場人員就沒有退路、沒招了！硬是請客人再加點其他菜品，萬一吃不下，不就變相鼓勵客人浪費食物嗎？

來聽聽 Jerry 的模範級說法是怎麼說得：「張先生，您好，跟您重複餐點內容，啊～是這樣的，跟您說明一下，由於我們餐廳有低消每人 600 元的這個條件，目前還差 350 元就達到了，您可不可以幫我一個忙，看還有沒有其他需要，不然待會兒主管（或老闆）還以為我工作不認真。」

此段話需要用誠懇的語氣和姿態去和客人溝通，以目前來說，我們沒有遇過不明理的客人，絕大多數的顧客多少都能明白、體諒這種婉轉的說法。**外場人員可以善用自己職位的立場，讓來消費**

**的顧客覺得我吃頓飯還能日行一善幫助人。**

等到這桌客人因為這樣的人情請求而達到低消，甚至超出低消，外場夥伴則可藉由加水時間，向客人表達感謝。如果是 Jerry，他會這麼說：「張先生您的餐點正在準備當中，謝謝您幫我達到低消，真的非常感謝！我剛有去吧台看了一下，甜點主廚有手工製作 OOO 甜點，我們用比利時進口的原料製作，那我幫您把原本套餐的甜點**免費升級**成 OOO 甜點，請您品嚐看看。」

這就是 Jerry 一直以來和夥伴說明的：

> **「以同理心為基準，使店家和客人形成善意的循環，進而做好熟客培養。」**

經由這樣模範級的應對，十有八九這桌顧客最終都會變成我們品牌的忠實顧客，經常往來。

# 打造最佳餐廳裝潢，你最應該注意的事

---

**沒有施工糾紛的裝潢，才有最佳裝潢。**

---

JK STUDIO 每一家門店的裝潢皆獨具特色與美感，過去曾有星級酒店、建設公司、營造工程慕名而來，想要找 Jerry 諮詢餐廳開設的種種問題。大家會不會想說，大集團應該有很多資源吧？整棟建築物都能蓋得起來，為什麼僅僅只是開間餐廳還要請教 Jerry ？

不得不誇讚，因為他們理解隔行如隔山的道理。起造大型建案和創立經營一間餐廳，仍然有專業上的區別，所以對方透過各種關係找上門，希望 Jerry 分享一些實戰經驗，我認為這是很寶貴的閱歷，能如此被高看，我們深感榮幸，謝謝多方信任。

但在本書中，不會聊到怎樣裝潢最佳風格餐廳，由於美感和美食一樣，個人感受是很主觀的，有些時候我覺得好吃的，Jerry 覺得還好；Jerry 覺得好看的，我也不一定認同。所以，**在裝潢這方面，**

我們想傳達的是比外表更重要的實際行為，多數人在裝潢之前往往忽略這些實際行為，最後造成雙方不必要的麻煩，尤其是因施工引起的官司訴訟。

## 什麼都交給設計師，那你要小心了！

時常耳聞因裝修糾紛鬧上法院的新聞層出不窮，起因是什麼？是甲方（業主）的問題？還是乙方（廠商）的缺失？

◆◆◆

> 會產生糾紛的原因，幾乎很少是外表風格，而是那些林林總總的施工細節，以及被很多人忽視的情緒管理。

這就是此章節 Jerry 想說得重點：**沒有施工糾紛，才有最佳裝潢。**

多年裝潢餐廳的經驗下來，Jerry 學習到許多行業內的知識和技能，其中一個特別的收穫是懂得**換位思考**。換句話說，如果他是設計師，最怕聽到的就是業主說一句：「設計師我相信你，全都交給你，萬事拜託，辛苦了！」說實在連我們自己是業主，聽到這句話時也覺得冷汗直流，怎麼說？

以 JK STUDIO 旗下各餐廳裝潢為例，Jerry 雖然是甲方（業主），但他也會跟著乙方（施工廠商）一起共事，甚至是站在乙方的角

度思考和幫忙解決問題。跟我們合作多年的商業空間設計師，他專門負責依據我們的要求設計發想、丈量規劃、出稿平面配置圖、立體配置圖和 3D 模擬圖，購買裝潢建材，與各個廠商聯繫排程施工，研究商業空間裝潢的相關法規，最後竣工、驗收，完成業主期望的理想空間。

不過有個環節 Jerry 相當謹慎，因為設計師專精的是商業空間設計，但對於餐廳經營、廚房作業的動線、設備安置的邏輯，這些均不是他的強項，**所以 Jerry 搭配餐飲設備公司，同時進行廚房和外場水吧的的整體規劃。**

在工地或案場，有一定規模的餐廳裝潢像是一場壯麗的聯合軍備競賽，時常會看到工班之間對於軟硬體的實力較量。裝修有裝修的工班，像是：水電、木工、鐵工、油漆、泥作、隔間、窗簾、消防、軟裝家具 .... 等等；餐飲設備公司也有自己的工班，像是：廚房水吧規劃師、風管、不鏽鋼設備、瓦斯、簡易滅火 .... 等等。

以上羅列的種種只是大致輪廓，實際裝潢有著更多細項，不理解直接跳過沒關係，不影響閱讀，只是想跟大家說，裝潢一間 JK STUDIO 比想像中的還要複雜。

面對這樣複雜的工程，Jerry 雖然是出錢的老闆，設計師也是和我們長期合作，優秀又有責任感的人，但即便如此，Jerry 也絕不會全都交給設計師一人，然後自己跑去悠悠哉哉。他的理念是**開發就是要從頭跟到尾，裝潢僅僅只是開發的一部分而已，每天到工地現場勘察是必要的工作之一。**

# 眼見為憑，親力親為

舉例我們曾經出包的案例，真實發生在我們桃園華泰店兩次，一次是內場廚房，一次是外場門面。

一說到廚房的灰色磁磚，你心裡想到哪些深淺不一的灰色？你的灰色和設計師的灰色一樣嗎？設計師的灰色和磁磚廠商的灰色相同嗎？磁磚廠商發貨一直到貼磚師傅手上的灰色也一模一樣嗎？大家可能會說，依照產品編碼或色票色號比對就沒錯了，對嗎？

理論上沒錯，但如果你是業主只相信這一套表面的文書流程，然後本人或案場負責人（俗稱監工），沒有到現場進行點收驗貨這種實際行為，確認磁磚的顏色、品質和訂貨單是否相同，最後很大機率貼上去的磁磚就會跟原本訂購的不一樣。

2021 年中，我們進場裝潢 JK STUDIO 桃園華泰店，設計師依照廚房原設計發貨給磁磚廠商，前面流程都是沒有問題的，直到來貨當天，Jerry 一看怎麼不一樣？廠商送來的灰色磁磚，比原訂貨單上至少差了兩個色號以上，明顯不同，Jerry 馬上找來設計師，設計師也驚訝，不是都跟廠商講好了嗎？怎麼還發錯貨。只好通知廠商收回此批磁磚，依照原定色號重新發貨，而已經在現場的貼磚師傅，也只好請他擇日施工。

給大家一個觀念，**貼磚師傅的職責只有施工，確認磁磚顏色和品質，那是業主或監工的工作**，通常貼磚師傅第一時間拿到貨就會開始施工，等師傅貼完磁磚，這時業主才發現顏色怎麼不一樣時，

已經來不及了，只能將牆面敲掉重新再來，好險當時 Jerry 有在現場點收確認，才沒有造成返工的麻煩。

◆◆◆
## 只要是經過「人」的環節都有可能出錯。

無論有沒有聘請監工，業主自己都得在裝潢施工上小心、慎重，不要什麼事都推責給設計師或廠商，一副事不關己的模樣。同理設想，磁磚廠商是一家公司，他們從接單、生產、包裝、出貨和運送，總共要經過多少道手續？會出錯不難理解。所以，**業主的態度決定裝潢品質的高度，想要打造最佳裝潢、避免施工糾紛，這種細節一定要留心**。

剛剛講到好險 Jerry 有及時發現磁磚顏色不同，攔截了一場返工的災難，而第二次則是換外場的文化石磚牆有問題，全部貼完好幾天了，才發現糟糕！貼錯了！事情是這樣的.....

JK STUDIO 桃園華泰店在裝潢的時候正值 Covid-19 三級警戒，當時處於疫情指揮中心滾動式調整對策的時期，對於外出工作有嚴格的限制，所以每天都是 Jerry 外出監工，我待在家照顧孩子。某一天，Jerry 看我好久沒出門了，想說帶我去案場看看順便透透氣，結果我一到案場，就立刻讓他後悔帶我出門。

我看到正對門口的整面文化石牆大驚失色，怎麼顏色變成了紅磚

牆，與我們台北信義店的灰階色系文化石大相逕庭，意思是：精品餐廳秒變復古文青。

Jerry 超後悔帶我出門，因為我唸了他好久，我說：「貼這顏色你怎麼沒跟我說？這必須改，好險你有帶我來，不然等竣工那天我才看到的話，後果你是知道的 .....」我要求針對看得見的部份重新施工，下方被工作檯和冰箱遮擋住的部分就算了。

文化石貼磚返工的面積不大，約一坪大小，返工費用超過三萬，重點是材料斷貨很難找。原台北信義店的文化石是台灣某間廠商以古蹟建材回收，重新再造之文化石，當時就是因為找不到原材料，設計師才以替代方案進行。但我的觀點是，在視覺上希望創始店和旗艦店之間有一定程度的形象關聯，起碼客人看到台北信義店和桃園華泰店時會產生「這好像是同一品牌」的印象連結。

後來 Jerry 在這件事情上花費很多心思找文化石建材，他一度還問我：「真的要改嗎？」自始至終我的立場堅定不移。

我們國內外尋找，不只網路搜尋，還透過人脈關係打電話詢問，繞了一大圈才又找回台灣原廠商。恰巧的是，當 Jerry 找到原廠商時，台北信義店使用的那款文化石只剩一小批斷尾貨，廠商接到 Jerry 的電話一開始還狐疑，想說怎麼有人要買這批斷尾貨？一般來說設計公司不會這麼做，因為貼不了多大面積。Jerry 說明來意之後，對方查了查電腦，回覆他：「張先生，這批文化石只剩下 221 片你要嗎？」

聽到時我寒毛都豎起來了，"咻"的一陣雞皮疙瘩佈滿身，因為 Jerry 的生日恰巧是 2 月 21 日，真的太巧了！科學上難以解釋的共時性[註1]，該是我們的，最終還是讓我們找到了。

◆◆◆

**想和大家分享一個觀念：對的事堅持做，不要怕得罪人。**

材料顏色不對，廠商發錯貨，萬一貼上去那業主要不要買單？還是要勉強默許，然後每天看著那堵牆難過？我們曉得臨時異動在過程中會造成很多不方便，疫情三級警戒中，大家都不容易，工作上有許多困難和無奈，所以我們更要發揮團隊合作的精神，一起將細節盡善盡美。

品牌主自己才知道哪些細節更適合自家空間，過程中，業主或工務負責人必須仔細，不能一味把責任都推給設計師，等出了事情再來究責扣尾款、相互提告，為時已晚。

## 不要被 "通常、慣用" 混淆視聽

再舉一個極致細節的例子。我先問個問題，餐廳廚房的工作檯高度 80 公分和 90 公分有什麼差別？

當然，絕對不是差 10 公分這個答案，如果只是這樣就不足以提供給大家參考了，接下來我解釋給你聽。

Jerry 在和餐飲設備公司合作時，對方快被這位業主搞得人仰馬翻，因為 Jerry 是「巷子內」的（意指內行），懂的東西不少。

以工作檯高度為例，他們在開會時，廠商說：「通常公版都是做高度 80 公分的。」但 Jerry 請廠商訂製高度 90 公分工作檯，不要公版的。因為 90 公分是人雙手自然垂下的離地高度，如果使用 80 公分的工作檯高度偏低，高度偏低的影響，積年累月會造成工作人員的腰部勞損。以 JK STUDIO 來說，放眼望去高個兒的比例將近一半，工作檯 90 公分這個高度，對於高個兒來說較為友善，而一般身高的內場人員使用起來也很剛好。

只是差 10 公分，要這麼斤斤計較嗎？

工作檯多 10 公分，首先我們的成本會提高一些，但回到我們剛講到的，品牌方自己才知道哪些細節更適合自家空間，過程中，業主要觀察評估，不能一昧把責任都推給餐飲設備公司，80 公分公版的說法沒有錯，市面上慣用也是真的，但不代表不能客製化，前提是要夠了解自家的需求在哪裡。

規劃優質的廚房環境，不僅僅是為安全考量，長期也為照顧員工著想，而這都是一開始 Jerry 就會和廠商溝通的細節，要是他沒提的話，廠商就不會知道「哦～原來你們有這層考量。」，開會討論的用意就在這邊，**所有的枝微末節都包含在打造最佳裝潢的條**

**件之中，跟裝潢好不好看沒有關係，在這，好不好用的實際行為才是重點。**

最後，我們創下華泰名品城的竣工驗收、返工最少的餐廳紀錄，這個成績真的很不簡單，因為 JK STUDIO 桃園華泰店坪數上百坪，從毛胚空間到完整建構成一間旗艦店大型餐廳，不只室內裝潢，更有戶外露台區域，驗收時返工的項目，竟然還能比別人少那麼多，可以說是另類的成就感之一。

經由這幾個案例分享，讀者或許可以理解到，Jerry 能夠得到星級酒店、建設公司、營造工程的賞識，絕非空穴來風。我們無論是和設計師或各個廠商配合時，常常會有互相牽制、解決問題的時候，Jerry 對於工程進度與施工細項嚴格把關，而 Irene 負責站在品牌方的角度規範企業形象，能力所及親力親為。

《論語 述而》：「君子坦蕩蕩，小人長戚戚。」打造最佳裝潢最該注意的是「先小人，後君子」。把醜話說在前頭，雖然會讓當下的工作氣氛變得嚴肅，難以和顏悅色，但我們幾乎不會事後究責，如此方式才可避免施工糾紛，成功打造最佳裝潢。

---

註 1　「共時性」是由瑞士心理學家榮格 1920 年代提出的一個概念，內涵包括了「有意義的巧合」，用於表示在沒有因果關係的情況下，出現的事件之間，看似有意義的關聯。資料來源：維基百科

**3-3** 小品牌餐廳如何進駐商場？你要注意的細節

---

◆◆◆

**這是場金錢的遊戲，但也是你咖位的定義。**

---

「99% 的問題能用錢解決，剩下的 1% 則需要花更多的錢來解決。」
這句話相信我們大家都耳熟能詳，但事實上真的是這樣嗎？

## JK 是個咖了！

2021 年 8 月，我邀請我們熟識的好朋友，新齊廣告的創辦人廖原松先生來到 JK 桃園華泰店坐坐。廖先生縱橫廣告業界二十餘年，客戶遍及全台各大百貨商場和眾多品牌。我記得那時廖先生跟我說：「Irene，你們 JK 是個咖了耶！」

但當時我是真的傻，聽不懂廖先生的意思，我對「咖」的理解比較像是大品牌：星巴克、Firdays 美式餐廳、鼎泰豐或乾杯集團這種。我不是在假謙虛，那時我是真不知道原來 JK STUDIO 已經是

個咖了。今年透過寫書的沉澱，我才有機會系統性的整理出所謂的「咖」是什麼意思。

今年暑假 Jerry 有位朋友來訪，他希望向 Jerry 請益進駐百貨店的細節，於是特地前來與 Jerry 交流一些商業觀點與其他該注意的事項。以下我將朋友所提出的問題，用 Q&A 的方式（三題就好）分享給讀者，這樣的重點整理大家可能會比較好懂，佐以實際案例闡述，盡量避免寫得像教科書式長篇大論。

## 錢，準備好

Q1：如果現在讓你選，你會選擇街邊店還是百貨店？

A1：看我有多少錢再說。

友人經營一間餐廳，家人從事食材相關行業，故他想知道到底是拓展街邊店好？還是經營百貨店更優？

Jerry 的想法是，以前他二、三十歲時身上沒多少錢，創業資歷淺，管理經驗、獲利能力、金流掌控 .... 等等都不穩定，種種原因導致他暫時沒能力前進百貨商場。**尤其金流這部分是進駐商場最重要的條件之一。**

餐飲業街邊店每日現收現結，我們拿到的是現金，信用卡隔天結算，基本上月結很好理解。但百貨店可能押款一個月，10 月的營業額不會在 10/31 到帳，也不是在 11/10 前算給你，通常要等到

11/30 才會入帳，百貨商場扣除所有合約上的各項成本後，我們才會收到結餘款項。但是，如果剛好遇到 11/30 是星期六，那麼就要等到 12/2 星期一（工作日）業主才收得到錢哦！無論名詞上你稱作週轉金也好、預備款也罷，在思考要不要進駐商場時，總之，錢多準備一些是第一個要注意的事情。

另一個是相對高昂的建置成本很容易被街邊店的業主忽略，怎麼說？

我們是做街邊店起家，爾後進駐百貨商場，當初做足了近兩年的調查和功課，Jerry 才知道說要準備多少錢，包含起初的裝潢費用。但曾經遇過部分街邊店主想要進駐商場時，他們用街邊店的思維去衡量百貨店的建置成本，結果，錢當然是遠遠的不夠用呀！

北、中、南的百貨商場因土地取得和營造成本各異，比如台北市中心和雲林、嘉義的商場條件，可能就無法拿來做比較。我們用大台北地區大型百貨商場舉例，大概率的估算一下：Jerry 估 50 坪，整體質感稍微好一點的餐廳，起初的建置成本最少要 1000 萬，而且這還是精打細算、各項開支控制得宜的情況下，1000 萬才能成。但如果裝潢過程中，因為業主不懂得精打細算，未仔細評估中間商報價是否合理，那 1000 萬鐵定不夠用。

再來，如果今天要開一家一模一樣的餐廳，50 坪街邊店，你猜猜起初建置成本，準備多少錢夠用？答案是：看你開在哪。

但以我們自身為例，以及打聽朋友的餐廳來說，像台北信義區、竹北光明美食商圈這種一級戰區，其實也不過至多就 5、600 萬就能搞定。曾經有朋友問 Jerry：「需要嗎？搞個百貨店要上千萬太誇張了吧？不用那麼多吧？」會這樣問的餐飲業者，表示他們在用街邊店思維看待百貨店，沒經驗的百貨初學者，很容易卡關卡在金流的部分上，這點需要特別注意！沒事多備錢、多備錢沒事。

但看到這，你有想過怎麼會差這麼多嗎？那中間差的 4、500 萬花去哪了？差在哪？房租嗎？ NO⋯NO⋯NO ！接下來我們跟讀者講講差在哪。

## 合乎法規

Q2：需要嗎？搞個百貨店要上千萬太誇張了吧？不用那麼多吧？

A2：「合乎法規」是進百貨店之前必須學習的第二課。

剛說了，金流的部分是進駐商場的第一件要特別注意的事，那麼第二件要注意的事就是「合乎法規」。

百貨商場和街邊店最大的不同就是人流吞吐量不一樣。我們換位思考，萬一發生意外，哪一個傷亡會更加慘重？所以大家不難理解，政府相關單位對於百貨商場合法合規之要求是多麼地嚴格。

舉個例，你可以到我們 JK STUDIO 義法餐廳（桃園華泰店）去參觀看看。為了讓顧客安心，Jerry 和設計師共同規劃透明廚房，讓

客人可以看得到廚師們烹煮的作業流程，我們也是做了才知道防火玻璃造價不斐。設計師使用一體成型大面積的防火玻璃，萬一廚房不慎發生火災，防火鐵捲門關上，再加上防火玻璃可有效隔斷熊熊火勢 60 分鐘不會向外蔓延。防火鐵捲門加上防火玻璃以材積計價，我們大約付了五十萬元。舉凡關於防火的裝潢建材成本，基本上都不便宜。

根據內政部民國 95 年法規公告「加強大型百貨公司、商場、量販店及巨蛋等場所公共安全檢查及維護措施」商場內的所有建置，均為確保消費者之生命財產安全考量。

**故品牌主和百貨公司方均需要為安全買單，這樣你就能理解錢花到哪去了。**

但不是說街邊店我們就不需要防火建材、合法合規，一樣要！但一般來說，各級政府彙整稽查項目，百貨店的要求通常都比街邊店來的更加嚴格、高標規格。所以，我們給想要進駐商場的新業主們一個中肯的建議：你到百貨商場展店，裝潢好不好看、料理好不好吃，那都不是商場最關心的事，講句誇張一點的，偶爾被客訴東西難吃都沒有關係，因為那叫做主觀意識、因人而異。**但業主能否配合商場對於各項安全檢驗的條件，認同合乎法規之作業程序，你認為你可以的話，再來思考團隊的能力是否適合進駐**

**百貨商場。**

再舉一個施工驗收的例子，一樣是 JK STUDIO 義法餐廳（桃園華泰店），正對廚房菜口前方，有一座從地面到天花板高聳的黑色鋼筋格柵。當初設計師的目的是要用來做客席區隔，有別於傳統隔間，利用鋼筋線條做設計，不僅具有商業空間有型的設計感，視線也較為通透。當夕陽西下，落日餘暉穿過鋼筋格柵，其光影變化自然成為室內設計的一部分，非常巧妙。

但原本設計師想使用未經處理的原材料，表現鋼筋原始的粗獷感，但此舉不被接受，原因是萬一小孩子不經意去玩鋼筋格柵，他們細嫩的小手因握住鋼筋而不慎摩破皮受傷流血，這件事百分之百是要算在業主頭上的。業主需要為此意外發生負責所有的醫藥費用，沒有為什麼，只因為這裡是商業空間，業主本來就需要注意商場環境的安全。後來 Jerry 和工程團隊將整座鋼筋格柵，重新打磨、拋光、塗上保護漆，等保護漆乾了，接著再用自己的手掌去抓測看是否安全，確定手指觸摸和手掌抓握都安全無虞，最後才固定了那座鋼筋格柵。

你看，這麼細節的事情，不講你一定不會知道，但這就是進駐百貨商場要注意的細枝末節。消防法規啦、公用設施的安全啦，這些都嚴格要求到一般街邊店業主無法想像的程度。你還記得本書第一篇所寫「勿以善小而不為」嗎？千萬不要心存僥倖覺得：「哎呀，小題大作的，那沒關係啦！這樣比較快、這樣比較省。」很多意外都是發生了，當事人才來後悔早知道當初就多花點錢、多

花點時間把細節做好。千金難買早知道，但如果讀者看了《品牌翻身戰》之後，把學到合乎法規的方法和概念用在日後進駐商場之時，等到驗收你就知道了！為什麼別人驗收超過 80 項未合格，缺失多到三張 A 4 紙都寫不完，而你卻不到 20 項驗收未合格，且返工時間快速，有達到商場之規定，接著被允許如期開幕，一切猶如神助般地順利，到時候你真的會來謝謝我們。

## 選品定位

Q3：想賣健康沙拉，你覺得可以嗎？

A3：賣火鍋吧！什麼東西好賺就賣什麼。

友人向 Jerry 提出他對於商場內販售商品的看法，他個人對健康沙拉的概念很有興趣，希望消費者能夠吃進活力、吃出健康，其立意良善。但 Jerry 對這個構想心存擔憂，不是說沙拉不好，而是以台灣消費者的飲食習慣來說沙拉不是主食，除非你今天賣熱食 Pizza、炸雞或漢堡，配餐中有健康沙拉的選項，組合設計沒有問題。**但如果在進駐百貨商場時，想要標新立異、挑戰市場，那業主得花上非常多時間和銀兩去教育市場，這點你得要有心理準備。**

讀者往前回顧一下，我們自香港學習販售「百味冷麵」的經歷，慘不慘？很血淋淋的教訓對吧？

◆◆◆

> **如果不是大集團，我們根本不配教育市場，品牌小又資金少，我們只能被市場教育。**

所以，Jerry 把過去慘痛的經驗一五一十地說給友人借鑑，希望他能順勢而為，什麼好賺就賣什麼，先把錢賺到了再說！起碼獲利之後有餘裕、有經驗、有信心，到時再來實現健康沙拉推廣理念也不遲。

提一個名人的例子，還記得十年前，紅極一時的孫芸芸姊妹蜜糖吐司嗎？我曾到他們的百貨店品嚐過，食物怎麼樣就不多贅述了。但 Dazzling 賣的產品從來都不是蜜糖吐司本身，他們的定位很明確，賣得是貴婦的生活方式，客人藉由到店體驗、打卡，想像和孫家姊妹一樣的待遇和高級感。蜜糖吐司的售價不高故營業額有限，重點是他們創造話題，整合商場其他品牌的高價商品，吸引廠商進駐，賺取消費者能在商場內多加停留的時間及消費欲望的機會，可謂優秀的整合商業策略。

**商人要的是趨利，如何定位、定價讓消費者買單，有了利潤後可以照顧員工，員工將工作完善、好好服務顧客，創造正向口碑讓更多消費者願意前來**，這門生意就能動起來，這缸魚池的水就會越來越活絡。雖然多年後時移世易，新一代的年輕人他們更有主見未必嚮往貴婦生活，質感設計、科技趨勢更加吸引年輕世代的目光。但十年前 Dazzling 蜜糖吐司成功操盤的案例，依舊可以在商

業思維上提供新手們參考學習。

## 結語

新齊廣告創辦人廖先生造訪 JK STUDIO 桃園華泰店三年後，我才明白他當初跟我說的：「你們 JK 是個咖了」這句話。

因為進駐大型百貨商場開餐廳，就像個「登大人」的過程，咖位不完全取決於品牌力與獲利能力而已，還包含金流的掌控，以及關於政府法規、商場規定的各種條件運籌帷幄。

恭喜 JK STUDIO 在歷經五年的街頭生存戰之後，由 Jerry 帶領品牌進軍百貨商場，挑戰更高段位的餐飲模式。

## 目的型餐廳做好社群宣傳的五個重點

> 講出你正在做的事，就是品牌最好的宣傳。

在講案例之前，想要先明確傳達一個觀念，**餐飲業所有的經營層面中，社群宣傳是最容易上手的工作，沒有太多複雜的技巧，我們需要貫徹的是「簡單的事情重複做」**。意思是，從經營者的角度來看社群宣傳，這件事情非常重要，但不是最重要，必須要做，但並非首要先做。

2016 年，JK STUDIO 剛開業，我們陸陸續續邀請多位美食部落客前來體驗寫文章。其中一位部落客，在痞客邦深耕美食帳號已久，Jerry 與他的一番談話，讓我至今仍記憶猶新。當時這位美食部落客除了平日接案以外，自己也正籌備開早餐店，他跟我們說他完全不擔心生意，他的工作只要把產品設定好，接著生意就會「爆」。

那時我對社群宣傳還不太熟悉，經驗值薄弱，不像現在得心應手的感覺。於是，我好奇想知道為什麼他這麼肯定？

這位部落客說，基本上早餐店的商業模式很固定，不用再花力氣教育客人，而產品與口味在技術上相較於餐廳容易的多。再來就是裝潢，文青風格，看起來簡約即可，不需要花太多沉沒成本在早餐店的裝潢上。最後，在開幕前，他只要把他部落客圈的朋友全都聯絡好，請他們造訪新開幕的早餐店，寫美食分享文，然後發佈到痞客邦、臉書和各大社團，那麼這家店，首波在網路上的 SEO 和社群宣傳就大功告成了。

是不是很簡單？所以他一點也不擔心生意，他說他還怕生意太好，店員忙不過來呢！

一模一樣的方法，2023 年中，台北一間新開幕的百貨內，某一咖啡品牌，也是運用相同模式，邀請網紅圈、部落客圈 ... 等眾多創作者們前來體驗寫文，打造超人氣網紅店場景，人山人海，可謂盛況空前。開業前三個月，買杯咖啡不時都大排長龍，一杯難求。這樣的方法，不只可以用在早餐店、咖啡店，也可複製於飲料、冰品、輕食、餐廳、酒吧 .... 等等，任何餐飲實體店面都適用，幾乎沒有例外，社群宣傳的技巧，往往就是這麼樸實無華且枯燥。


## 但，真的有這麼簡單嗎？

上述的方法看似簡單，沒有難度，粗暴一點的形容，有「錢」或有「人脈」就可以搞得定！**但如果想要開實體店的你，沒錢、沒人脈怎麼辦？**單單照著上述的手法操作，不但會加重營業成本，

開店蜜月期過後，還會感受一股從門庭若市到門可羅雀的失落感，讓經營者們面對營業額覺得挫折，怎麼花了錢，一下子就沒效果了？

其實不是沒效果，只是後面還有一籮筐的社群宣傳工作要持續接著做，而不是前面做完就好。行銷裡的社群宣傳好比田徑運動，前期的網紅、部落客寫文操作是短跑 100 公尺、200 公尺這種項目；**開店蜜月期過後的社群宣傳是馬拉松競賽，考驗社群編輯的創意發想與資料蒐集的用心程度。**

我把 JK STUDIO 多年來，在社群宣傳方面的一些小經驗分享給各位讀者。以下分五個重點說明，最後一點我覺得是很必要的，建議讀者們仔細參考。

## 一. 定位與品牌故事

在創立餐飲品牌之前，你為你的品牌找到定位了嗎？

以我們餐廳為例：「JK STUDIO 是一個以精品餐廳為定位，站在顧客的角度思考，創造沉浸式用餐體驗的餐廳。」在我們開業五年後，因為企業發展的藍圖規畫，才明確下來「精品餐廳」這個定位，前些年，我們花了很多時間在摸索經營的方向。

剛開始我們只有一家台北信義店，供應南法風格的鄉村菜系，強調新鮮料理、自在氛圍，想要給人一種聚餐好所在的印象。那個時候

比較像是「義法料理熱炒店」，而不像一間餐廳，但大家不要小看熱炒店的概念，以西餐出發融合熱鬧氛圍，剛剛好的「接地氣」風格，讓許多客人想要前來體驗。好幾次尾牙包場，負責跟我們聯繫的福委，為了讓長官和同事開心，特地邀請那卡西老師助興，現場氣氛嗨的不得了，也因此在開業後的那幾年，JK STUDIO 台北信義店朝「聚餐好餐廳」之定位發展，成長速度飛快。

早期社群宣傳上，我時常寫「包場文章」，不停放送有哪間公司來過我們餐廳包場，相似於客戶見證的做法。其實，寫包場文章有固定流程，不是我想寫就能寫。

**第 1，要對方的公司主管同意**，他們同意授權讓我刊登在我們的社群和官網上，我才能進行文字撰稿和圖片編輯。

**第 2，要有記者精神**，也就是說報導的真實性和文字力是否得宜。由於每組包場客戶都來自有頭有臉的公司企業，我們不可能在文章裡寫「某某公司好棒」、「JK 料理好好吃」這種小學生的造句，更加不能誇大其辭，明明沒有發生的事情，故意瞎編寫得煞有其事。所以，秉持記者精神，但又不要太過拘謹，最後我自己研究出一套方法，結合新聞記者與美食部落客的文字風格，使內容圖文並茂，目的是要寫出讓人「看得懂」的包場文章，而非作文或是廣告文案。

**第 3，要給對方公司審稿，這個步驟不能省略**。曾經有一次校稿等了一段時間，我後來才明白為什麼要等那麼久？因為客人是跨國會計師事務所，專門負責日本業務的組別，組織文化很謹慎，他

們審稿要連上三層，聯繫人看過給上一層主管過目，上一層主管看完給更高階的主管審核，才決定我寫得內容能不能通過，如此嚴格。如果高階主管最後否決了，那篇文章就得流產，幸好我寫得包場文沒有問題。我當時也慶幸好險我有重視這個細節，長期以來堅持請每位包場聯繫人幫我校稿的工作流程，看似麻煩沒有意義，實則是在加深客戶與我們品牌之間的信任度。

**這個信任度就是品牌力的一環，雖然在社群宣傳上無法彰顯，但它會在私底下，潛移默化影響客人的口碑宣傳。** 客人願不願意幫忙 JK STUDIO 裂變轉介紹，除了適切的餐點與服務以外，取決於平常我們怎麼經營和做人做事。所以說，社群宣傳有很多種作法，不是小編寫寫文、貼一些促銷文案，就叫做社群宣傳，來客數就會源源不絕，轉單率就會節節升高，不是這樣的。

那段時間，我的做法是營造客戶見證的信任感，宣傳台北信義店「聚餐首選」、「包場專家」這些定位給潛在的受眾。2018、2019、2020 年連續三年，我們包場的業績量蒸蒸日上，呈現陡升上揚趨勢。有好幾次請問客人，為什麼會選擇我們服務貴公司的尾牙春酒、聖誕派對或商務聚餐呢？又或是他們從哪個管道得知 JK STUDIO 的呢？

大部分回饋是說：「看 Google 搜尋，你們的評價看起來很不錯，有些公司也在你們這兒包場。」另外有一部分客人是看到朋友在我們餐廳打卡，還有客人說是聽同事或朋友介紹來的。

上述回饋，印證我們整個團隊的努力沒有白費。在執行社群宣傳

時，我們有的人負責現場拍照、Jerry 負責跟我報告活動的細節與顧客用餐的心得感受，而我負責在幕後做資料整理、官網寫文和社群宣傳。

講個小故事，Jerry 差點要和我吵起來！

寫包場文章之前，我都會先蒐集「情報」，某次 Jerry 跟我抱怨：「妳超煩的耶，可不可以不要再問了，客人都說很滿意呀、餐點好吃呀、服務很不錯呀，那妳還要我說什麼？」

我承認我是真的很煩，他都這麼說了，我還鍥而不捨的繼續追問：「你再想想，一定有什麼細節是有趣的？」

他想了想說：「哦～有啦！客人說戰斧牛排的骨頭『很威』，把自己和別桌吃剩的骨頭打包，最後包了三支骨頭，帶回去給他們家的狗狗啃食，說他們家的狗應該會興奮到跳！這樣算嗎？」

我說：「很好啊，這很多人不知道耶！」Jerry 不可置信我居然接受他的回應，他本來還覺得這應該沒什麼吧。於是我就把這樣的小故事，寫成一篇包場文章，內容生動，文字帶有畫面感，客人看了會笑，完全沒有讓讀者覺得被推銷的感覺，不著痕跡的達到社群宣傳的效果，這個就是品牌故事之一。

如果養毛小孩的家長看到這樣的內容，會不會有可能內心想說，下次有機會光臨的話，我也要打包那個「很威」的戰斧牛排骨頭，回家給我的寶貝開心一下？

所以社群宣傳的品牌故事怎麼寫？其實就是：

◆◆◆

> 「講出你正在做得事有定位、有故事，使觀眾感覺
> 這個和我有關係，給他們一個想要前來消費的動
> 機，這樣的社群宣傳才會有人想看。」

否則一昧的在社群上跟風、純粹貼廣告文案，平時沒有仔細觀察周遭的人事物，又怎麼能創作得出東西來？不如把時間省下來琢磨產品力，思考如何培養線下的熟客，反而對營業額更直接有效。

## 二. 視覺內容

請你猜猜看，在我們尚未認識邱煜庭 ( 小黑老師 ) 之前，什麼原因促使他想要購買 JK STUDIO 的餐點？

答案是：一張好看的照片。

小黑老師曾經跟我和 Jerry 說，以前外送平台剛進來台灣時，他在外送平台上想要點餐，但那時許多店家的照片都是手機隨手拍，要不然就是沒有附上餐點照片。但我們家的餐點照很特別，不僅拍得專業、好看，還幾乎每道菜都有附照片，於是他選擇了我們的外送餐點，他是這樣認識 JK STUDIO 的。

多年的經驗下來，我們有一個心得：

**如果要經營目的型餐廳，就必須投入相當的資源，
製作高質量的商品視覺內容。**

包括：照片、影片和設計美觀且具吸引力的內容，才能夠吸引更多的關注和消費者互動。

有人問：「自己拍可不可以？」

當然可以！但有思考過構圖嗎？懂得光影嗎？景深變化會不會？背景設計、調色效果哪個適合自家的品牌形象，這些有瞭若指掌嗎？如果我舉例的都不太會，那麼修圖軟體有沒有用得出神入化了呢？

我們曾經歷一個真實過程。

有一次，我們公司的夥伴跟我說，想要試著自己拍新菜色照片，我說好，試試看沒有關係，但其實我已做好心理準備。那次是商業午餐的菜色更換，同仁們想盡快有新的照片可以宣傳，於是乎與內場主廚約定好時間，布置一桌子的新菜拍攝。那次夥伴用手機拍出來的效果，不意外地和我心理預期的一模一樣，照片傳到我這裡來，整批被我打掉，幾乎沒有可用的照片。我不客氣地對於拍攝後的結果點評，內外場同仁們議論紛紛，沒想到老闆娘

這麼不近人情。

這就是目的型餐廳，針對視覺內容的呈現，應該要有的把關態度，一定會有很多不能妥協的地方。大家也可以換句話問，Irene 妳都知道結果了，為什麼還要讓夥伴拿手機去拍？直接找專業攝影師來不就好了嗎？

原因是，我拍過！我就是這麼走過來的，在還沒有學習美食拍攝之前，我曾經拍過很糟糕的照片，明明專業攝影師拍起來就是道美食，為什麼我拍起來像不知道什麼東西一坨在那裡。然而，我也能換位思考體會同仁們為什麼想要自己拍拍看的想法，這很正常。所以我讓大家一起先撞個南牆，讓他們知道專業攝影和自己拍得照片效果落差有多少。

聞道有先後，術業有專攻，我們落實教育公司同仁，**像是 JK STUDIO 這樣的目的型餐廳，所有的視覺輸出都必須是精心設計過的**，都是我們得持續投入資源不斷更迭，看起來越簡單的東西，背後付出的心力通常也越多。

另外，在影片方面，我們建議目的型餐廳配合專業影像團隊來為品牌企劃和製作相關影片。短影音的時代，雖然手機搭配 App 或 AI 即可完成，**但大多人想得是「我要拍什麼？」浪費太多時間在想內容，卻沒優先想到觀眾的行為：「完播率」和「互動、分享」。**

但專業影像團隊不同，無論是形象影片或短影製作，他們的立場通常較為客觀，經驗也比我們個人豐富許多。他們會和業主討論

品牌的目的，想要傳達的意念或訊息，釐清客群屬性、區域市場、輸出平台、視覺形象、腳本內容、拍攝製作、後製剪輯……等等流程。甚至於有的接案團隊會因應顧客需求，幫品牌代操後台數據分析和數位廣告投放，監看哪一秒、哪一幕最多人觀看，哪一個片段在哪一秒觀看數急遽下降（表示觀眾沒興趣），品牌業主必須深刻瞭解，影像製作是個分秒必爭的戰場，不是我們想拍什麼就拍什麼，我們想拍的，不一定是觀眾想看的。

影片在社群宣傳或投放廣告之後，點擊率有多少？互動效果好不好？後續如何優化？這一系列的工作，除非公司專門培養一個部門，否則業主或小編單單自己一人，大概率難以兼顧影像製作和本身的職務。

> **如果你像我們一樣，現在沒有辦法養一個部門來執行這方面的工作，教你最快解套的方法，就是花錢「外包」。**

無論是餐廳的形象影片或品牌的日常短影創作，其實它們都極度燒腦、耗時。業主在這方面若能夠用錢解決，就盡量不要浪費時間，把精力集中在更重要的營運管理和未來發展上，不要糾結。

## 三 . 社群互動

熟知 Facebook 創立起源的人都知道，最早創辦人祖克柏，因 好奇微軟和谷歌怎麼都沒有社群這種東西，於是他就寫了個可以鏈接人與人的程式，發明了 Facebook。

> **Facebook創立至今，人與人之間的互動，仍是臉書最主要的意義，宣傳什麼都是其次，品牌社群與粉絲和顧客積極互動是關鍵。**

回應評論、私訊，適度的參與話題討論增加互動性，能夠增強顧客的忠誠度和參與感，這個部分著實要花時間經營。比方說，客人會在我們的 FB 或 IG 打卡，在私訊裡提出問題，這些來自於四面八方的網路訊息，我們都得一一仔細回覆。回覆訊息之前，我們得先清楚知道客人想要被滿足的需求有哪些？接著為其服務。

有的客人會在社群公開留言或打卡我們餐廳，行銷夥伴除了回覆留言以外，並對於有打卡的貼文，轉貼分享至我們餐廳的限時動態上，表示 JK STUDIO 很歡迎客人的造訪，客人看到被轉貼分享時，多半都是正向開心的。面對在私訊裡頭提問的客人，大部分會問的問題不超過十個，像是：我想訂位、想了解菜單、能刷卡嗎？能帶寵物嗎？壽星有什麼活動？包場人數和費用…等等，餐廳可以為這些常見的問題，儲存一個回覆包，當顧客私訊提問時，

才能即時回覆對方所需要的答案。使用自動回覆也可以，但若品牌規模不大，人力能夠負荷的情況下，真人回覆仍然是顧客最喜歡的溫度。

另外多強調一件事，Google **上的評論，無論是好評或負評，請務必一一回覆，建議不要將此項業務外包給行銷公司**。因為很多顧客的評論具真實參考性，有助於餐廳品質優化與人事安排。每天只需二十分鐘左右，好好回應 Google 評論，不僅可以節省一筆外包費用，還多了個「考核機制」，有益品牌更好地發展。


# 四 . 與有影響力的人合作

與 KOL（Key Opinion Leader 關鍵意見領袖）合作，是目的型餐廳不能免俗的網路傳播方式。透過和具有影響力的美食、旅遊、生活探店號的 KOL 合作，請他們體驗並分享餐廳的餐點、服務和理念，可以幫助餐廳擴大知名度和影響力。

**盡可能選擇與餐廳主題相符的** KOL**，不用非得找流量巨大的** KOL **才是划算的投資，不一定！**以 JK STUDIO 的經驗來說，我們平時除了找流量還不錯的 KOL 以外，也會搭配著找許多 KOC（Key Opinion Consumer 關鍵意見消費者）進行互惠或付費合作。KOC 的流量約莫一萬至十萬不等，他們通常是白天有正職工作，業餘時間接案前往餐廳體驗，製作短影片或圖文分享給他們的粉絲。

業主們或行銷人員可以在網路上多做功課，多多邀請不同的 KOL

或 KOC，以 IG 或 Email 洽詢合作報價及意願，待雙方條件談攏，方可聯繫後續拍攝體驗的細節。

這個接洽過程，我也有幾個 Tips 小小提醒：

1. **台灣的經紀產業趨於成熟，許多 KOL 本身是由所屬經紀公司安排工作，**故寫信未得到回覆可能不是內容的問題，而是沒有將詢問信投遞至正確的窗口，這方面大家可以在寄信前，確認收信單位是否正確。

2. **我們所合作過的 KOC 大多是素人，因為興趣關係，絕大機率是上班族兼職美食探店號，有的時候在聯繫時間上會比較久才得到回覆，**大家可以多點耐心，或者多發送幾次訊息，避免平台漏訊。

3. **無論是 KOL 或 KOC，一定會遇到需要付費的狀況，此時就要看每位業主的預算可負擔程度，能夠符合自家需求的單位再行合作，切勿勉強。**若為付費，合作前可先談定在露出一個月後，請對方提供洞察報告，包含：曝光次數、觸及人數、互動次數（按讚、留言、分享、相片觀看次數、影片完播率 …. 等等）。以客觀性的數據調整策略，了解哪些內容最受歡迎，哪些活動最有效，並據此評估未來能否繼續合作，有效控制您的預算。

4. **除此，洞察報告僅止於曝光參考，查詢真正有效的帶客或轉單，業主需要給 KOL 或 KOC 們一個有效追蹤的方法，**比如：核銷代碼、特定訂位連結，或是採更原始的人工紀錄，請顧客於定

位時，備註知道餐廳的管道來源，顧客以此獲得額外的優惠或獎勵。

## 五．保持真實和真誠

近年火紅話題：如何不被 AI 取代？大家或多或少都能搭上兩句話，寫出一些心得，研究一篇論文 ... 等等。我都在想，在生活上真正當個真實的人，與他人真誠的來往，不就不容易被 AI 取代嗎？但這只是 Irene 個人單方面的思考，如有不同立場，讀者敬請包涵。

◆◆◆

> **社群經營也是這樣，講出我們正在做的事、傳達我們做得到的事，真實性是贏得顧客信任的關鍵。**

社群媒體上的內容和互動，應該反映餐廳的價值觀和使命，避免過度商業化或不真實的宣傳，誰都想和真誠的人來往，不是嗎？不然我們讓 ChatGPT 產出社群內容就好了，不需要人來傳遞訊息。我們能產出的即是真實的生活、情感、實戰和歷練，如實傳達正在做的事讓大家知道。

舉例賣牛肉麵的例子。

老張自小得到媽媽好手藝真傳，煮得一手絕好吃的牛肉麵，他所

販售的產品均無偷斤減兩，營業十多年來，獲得顧客一致推崇。

這中間有很多細節可以傳達給顧客知道，老張用了哪個產地、哪種部位的牛肉肉質？為求製作湯好味美的牛肉麵，所付出的時間大多花費在哪些地方？或許是麵條自己製作，所以每天有四個小時以上，待在麵粉堆中揉麵團製麵，手工程麵每日限量，賣完就沒了！也因此老闆長期的職業傷害，造成不小的肩頸勞損和腰部拉傷，每週都要到復健科報到兩次；老闆娘為了支持丈夫的創業，兩人婚後胼手胝足的打拼，即便懷孕大腹便便，依然在酷暑季節熬湯，有時還需要扛起超過十公斤重的湯鍋。如此認真的工作態度，只為了煮一碗真材實料的牛肉麵給喜歡他們的老顧客。

老張經營的牛肉麵店，位於巷弄內一個不起眼的門面，但時常有像賓利、勞斯萊斯等豪車穿梭門口，載著大人物們專程前來品嚐他們的牛肉麵，因此聲名大噪。像我舉例這種人間真善美故事，就可以針對細節詳加描述，在社群上大大方方的讓人知道。

或者像 Jerry 和 Irene，如何在餐飲業中從十元小吃一路摸爬打滾，成就自創品牌 JK STUDIO 至今，遇到挫折時、面臨疫情受創時，我們不僅承受經營的低潮，扛住各種不安的情緒和內心壓力；當有些成果時，我們收穫了哪些被他人鼓舞的喜悅，這些悲喜交織的情感層面，我們也曾在社群中分享給粉絲，獲得比一般宣傳貼文，多出幾十倍的迴響。

## 結語

小結一下我們個人的操作經驗重點，**社群宣傳請一定要保持產品與品牌信息的一致性，朝三暮四不是個正確的決定**。比如：最近看芭比很紅就學公主風，畫面很粉嫩，語氣很撒嬌；下回看館長流量很高、鐵粉很多，就學習硬漢風格，搞個陽剛猛男，語氣裝得很 Man。老實說這樣真的很奇怪，讓人搞不清楚到底是誰在講話。

也不要為了追逐流行，一時興起做不合乎品牌形象的貼文。比如：流行草間彌生，就把視覺設計全都 P 上密密麻麻的圓點點，但原本品牌是想和消費者溝通正宗川味麻辣火鍋？除非這兩者品牌強大到能夠互相聯名、創造話題，否則一般品牌請確保各平台上的內容、語調和形象均維持一致性。這能夠建立強大的品牌形象，並讓顧客對餐廳有明確的認識。

# 3-5 如何思考規劃一個長期的品牌定位及路線？

**找尋榜樣，從巨人的肩膀上開始飛行。**

國小時，國語老師都曾教過我們作文，題目是「我的志願」還記得嗎？以前很多同學的志願是要當老師、醫生、明星，或者是當機師開飛機 .... 等等，前陣子很多小朋友的志願是想要當 Youtuber。所以，從小我們大家就明白「榜樣」是什麼意思，換句話說，在做品牌前，你曾想過你的榜樣是誰嗎？

## 我們要當台灣餐飲業中的 Armani 亞曼尼

「JK STUDIO 是一個以精品餐廳為定位，站在顧客的角度思考，創造沉浸式用餐體驗的餐廳，歡迎光臨 JK STUDIO。」這段精簡闡明我們品牌定位與路線的文字，我足足花了六年時間才定義出來。

2016年JK STUDIO剛開業，我為了想要寫出餐廳品牌的核心精神，刻意付費學習文案課，課後特別請教講師，怎樣才能寫出符合我們餐廳的標語？或許是我悟性不足，答案仍未果。老實說，我寫過好多slogan，但效果不怎麼樣，大部分都是一些略知皮毛、流俗於表面的標語，而非真正的品牌精神。我也曾經因為找不出可以適切傳達品牌意念的文字，而感到痛苦與氣餒，氣餒的是我一直問不到答案，不知道為什麼早期就算上課學習、看書參考案例，仍然沒找到符合JK STUDIO的定位文字，那段日子心境上很是心浮氣躁。

我把國內的知名餐飲集團從北到南研究過一遍，無論是高端餐飲或平價連鎖，在定位、路線與形象上，當時沒有看到一模一樣的品牌（也或許是我沒注意到），而我個人也認為JK STUDIO不應該成為誰的復刻品。我希望我們能真正地做自己，而非承襲現有餐飲品牌既有的樣子。Jerry對此相當認同，於是「獨特」、「創新」的想法，在我們心中油然而生並堅定不移。

經過時間推移，六年後奇妙的事發生了。某一天我自然而然寫出符合JK STUDIO的品牌定位與路線，當我寫出來的那一瞬間，我整個人豁然開朗，當下也反省為什麼以前總是找不到答案？**是不是因為我太心急、想要速成，才開業沒多久就想成為人盡皆知的品牌，沒有深度思考「如何規劃一個長期的品牌定位及路線？」**

接下來和讀者分享，我們如何運用客製化鑰匙的概念，打開品牌定位與路線之門，走向餐飲業中的Armani亞曼尼風格與理念。

## 奢侈品策略，金字塔商業模式

無論身處哪種產業，如果你和我們一樣，一開始創業是以「品牌」為出發，《奢侈品策略》這本商學院用書建議你閱讀。我在思緒渾沌之時，從中得到重塑品牌的啟發，找到創新翻身的機會。

2021 年 8 月，疫情三級警戒逐漸解封，位於桃園的 JK STUDIO 義法餐廳開始試營運，這是我們的第二間分店，更是實踐企業化雄心壯志的第一步。當時為了搭配行銷方案與新聞媒體露出，**我們開始要和廣大的潛在顧客溝通「我是誰」，好讓消費者進一步認識我們，我是誰講得即是品牌定位。**

但問題來了，我面對上百坪裝潢華麗氣派的餐廳，吃著美味精緻的義法餐點，看著內外場充滿幹勁的工作夥伴，頓時，不知道該怎麼形容我們品牌，或許你也可以說我當局者迷，我身為行銷總監竟然講不出品牌定位？恐慌感襲捲而來，只有我自己知道。

當時，我的想法是：「不管了，先把新聞稿交出去再說。」針對事實撰寫。例如：開幕時間、地理位置、餐點特色、裝潢風格、活動方案 .... 等等，這些已知的既定事實先寫好讓媒體曝光，跨出先完成、再完美的那一步。

因個人興趣的關係，我喜歡追蹤奢侈品產業、時尚圈動向和創辦人故事。某次站在偌大的桃園華泰店，心想：「這麼漂亮的門面，每一處都是裝潢師傅們手工打造，餐點也是由廚師們親手料理，這不就跟那些奢華跑車、頂級鐘錶和高訂禮服的生產過程很像嗎？

差別在於工藝不同。」基於這個自問自答，偶然間閱讀起相關商管書籍。

我沿著內容繼續靈魂拷問，JK STUDIO 創辦人 Jerry 最喜歡哪個品牌？他的行事作風有像誰嗎？ Jerry 規劃的商業模式像哪家公司或集團嗎？我從人、事、物三個不同角度切開，一路尋找答案，和 Jerry 討論過程也很有趣，像是在玩跳棋，從此岸出發閃避多個障礙直到棋盤彼岸，最終得到我們雙方都欣喜認可的答案，那就是義大利品牌 Giorgio Armani 喬治 亞曼尼。

我利用奢侈品產業大致的分層概念：奢侈品、頂級品、精品、大眾消費品，去定義出 JK STUDIO 精品餐廳的品牌定位。從 Jerry 的控制狂行事風格與完美主義的特性裡，找到相同個性並令他心悅誠服的卓越領袖 Giorgio Armani。小小透露，Jerry 自 18 歲起便已是 A|X Armani Exchange 的忠實顧客，從青澀鮮肉到成熟男士，自然而然他變成了 Giorgio Armani 的目標客群，可見 Armani 的長期品牌定位與商業模式規劃之精準。最後一個也是最重要的則是，JK STUDIO 所執行的是《奢侈品策略》中的金字塔商業模式。

由於我們目前規模尚處於發展期階段，所以從人事結構到品牌系列規劃，上到下只分三層：最尖端是核心人物，品牌創辦人張偉君 Jerry；金字塔上面是第一層，由廚藝總監領導 JK STUDIO Modern Asia（2023~2024 年）[註1]，這間餐廳極度需要具有藝術美感、高級烹飪技巧的人才來主理，依據每季不同變換的菜色，搭配合理的侍酒，貼心柔適的服務，低調個性化的裝潢，這些產出均符合具

有一定消費力的族群，客群約莫 35 歲以上，白領菁英、企業老闆為主要顧客。**不討好所有客人是金字塔第一層的經營戰略，為企業貢獻 10% 左右的營收，獲利相對較低，但站穩品牌的高度與指標性是** JK STUDIO Modern Asia **必須努力存在的意義，彷彿** Armani Privé **高級訂製**。

金字塔中間是第二層，由廚藝總監、內場主廚與外場店經理共同管理，旗下共四間餐廳：JK STUDIO 義法餐廳（一間）、JK STUDIO 法式餐酒館（兩間）、JK STUDIO 歐陸餐廳（一間）。在這一層的餐廳以百貨商場和街邊門市為展店策略。服務大眾吸引人流到餐廳用餐，雖然價格相對親民，但在餐點、裝潢與服務上仍維持一定的高品質，享有精品餐廳之品牌水準。以餐廳的建置成本均值來說，上千萬裝潢早已是基本標配。

由於位在百貨商場，特性包含：客群年齡範圍廣，小朋友一直到年長退休人士都有，餐廳商業空間應用面向多，像是：節日約會、生日慶祝、活動聚餐、商務餐敘、團體包場、親子旅遊、閨蜜下午茶 .... 等等。基於商業考量「坪效」與「獲利」是最重要的 KPI，積極增加來客數和拓展知名度則是我們努力經營的方向。**這些金字塔第二層的餐廳，為企業貢獻 80% 營收，它們是公司的核心系列，如同** Giorgio Armani、Emporio Armani 和 A|X Armani Exchange。

金字塔最下面是第三層，目前正規劃萌芽發展的 JK STUDIO Burger。新鮮原肉漢堡、配餐、飲料為主要販售商品，針對學生族群的年輕世代，以及來去匆匆的速食客群。**金字塔最下面是第三**

**層以新潮、快速、低價為策略，做為品牌觸及新客群的溝通橋樑，讓消費者不進店也能購買相關商品，共享精品餐廳的品牌價值與服務。**

客人可以帶著美味、新潮的原肉漢堡，坐在具有設計感的百貨公司一隅，享受優雅的輕食時光；天氣好的時候，坐在公園草坪或長椅上，感受城市的節奏和生活的美好。這類型投射到產品路線，就會比較像 Armani Beauty 彩妝系列，一支台幣不到一千元的眼線筆，就能滿足擁有 Armani 的虛榮感，以情緒價值來說非常划算。

整個金字塔商業模式的結構，乃是一個長期的品牌思維及戰略規劃，我們正在朝此方向發展。但畢竟奢侈品產業與餐飲業仍然有本質上的區別，餐飲業變動速度非常快，比如半年前可能正流行米其林餐廳，半年後因國門開放國外旅遊正夯，衝擊國內高端餐飲的消費人口；而平價餐飲也會因為便利商店通路多、產品多元化，而壓縮到本身的發展空間，像是在便利商店可以更快速、更便宜的買到咖啡和炸雞。等到這本書出版一年後，國內外餐飲業又有什麼流行趨勢變化，那是現在正在筆耕的我所無法預期的。

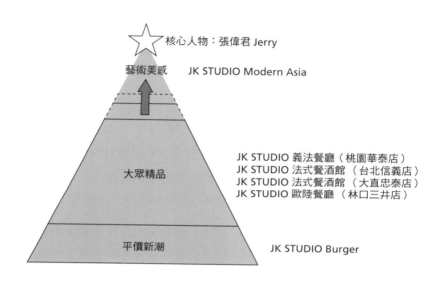

## 品牌定位需要「大膽假設，小心求證」

今年我曾請教一位前輩，他本人餐飲創業資歷二十多年，同時也是我們餐廳的客人，我向他請益：「『JK STUDIO 是一個以精品餐廳為定位，站在顧客的角度思考，創造沉浸式用餐體驗的餐廳。』您認為我們有做到嗎？有符合這句話嗎？」

前輩回饋：「有，在你們餐廳用餐時，的確是這種感覺。」這是他對我們的評價。

或許大家也會善用 ChatGPT 輔助，來尋找品牌定位與產品路線，相信會得到不錯的「商用標準答案」。但我認為每個人的人生閱歷無可取代，體驗無價，AI 不一定能替你找出核心價值。創業

十五年，深刻體會所謂的奢侈品對我們而言不是包包，也不是名錶，最貴的是「時間」。身為品牌創辦人或職務負責人，你只能思考不斷、腳步不停、努力不歇，你沒有其他條路。唯有經歷過，才能在時間中的長廊中，獲得想要的結果。如果有人提問：「引用義大利品牌 Giorgio Armani 來定位 JK STUDIO 精品餐飲事業，這能成嗎？」

馬斯克曾說：「人們的思考過程太拘泥於慣例或過去經驗的類比，所以很少有人會用第一性原理來思考問題。」

因此我們一直沒想過要和國內的餐飲集團做類比，而是直接在餐飲業這塊大餅中切入細分市場，然後先假設命題、再拆解問題，從頭建立屬於本企業的制度規章與獲利模式，並設法從中耕耘出結果。比方說，可觀的品牌溢價或走向集團化。事實上，經營精品品牌需要抱持長期主義，這點並不容易，很辛苦絕對是真心話，我們起初創立虧損連連自是不在話下。一般具有知名度的大品牌或資金雄厚的財團，才有能力切入高單價的餐飲市場。像 Jerry 這樣白手起家、獨立創業，能有這般勇氣和膽識挑戰「精品、西餐」的人，實屬鳳毛麟角。

## 結語

Giorgio Armani 有句名言：

◆◆◆

> 「我沒有成功法則可以傳承，我按照自己的方式做事，即使今天，堅持自我獨特性，熱情、冒險、韌性、一致性，這對我來說是最寶貴的。」

我很慶幸我們勇敢的為自己訂做一把客製化鑰匙，打開品牌定位及路線之門。Armani 優雅經典的品牌形象與深植人心的創業故事，帶給 Jerry 和 Irene 許多靈感和啟發。在此，我們用 JK STUDIO 向高齡 90 歲的傑出領袖 Giorgio Armani 致敬。

---

註 1　JK STUDIO Modern Asia 已於 2024 年 5 月 30 日畫下句點，轉型成為 JK STUDIO 法式餐酒館（台北信義店），內幕詳情請見下一篇內容。

**當生意出現狀況時，你的應對方法與策略**

3-6

---

跌倒就跌倒，爬起來就好。

---

上一篇，我們講到：「引用義大利品牌 Giorgio Armani 喬治 亞曼尼來定位 JK STUDIO 精品餐廳事業，能成嗎？」文中也提到：「滾動式調整經營策略，避免一成不變，才能在這瞬息萬變的時代中站穩腳跟、持續前進。」

這篇，用我們餐廳最新 2024 年的實際案例來剖析最恰當，我們遇到困難的時候，怎麼做調整？過程中很像船隻航行於大海，目的地（大方向架構）雖然明確，但航行時，會遇到各種狀況，比如：船舶設備故障、惡劣的天氣、海盜侵擾 .... 等等各種因素，經營餐飲事業如同航海，考驗決策者們解決問題的能力與魄力。

## 台灣消費高端餐飲的人口基數有這麼多嗎？

2023 年夏天，我因為製作 Podcast 內容而拜訪來賓。首次見到一位國內知名企業轉型策略名師，他對餐飲業也熟悉，聊天的過程中，我向這位老師提到我們台北信義店轉型的案例，老師沒有多說，他提醒我一句：「台灣消費高端餐飲的人口基數有這麼多嗎？」

但是，當我聽到這句話時已經來不及了，台北信義店轉型的各項人事物工作，已經上路運行兩個多月，我們照著原定計劃繼續執行著，直到 2024 年 5 月 30 日正式宣告轉型 Fine Dining 失敗。

為什麼會失敗呢？

「JK STUDIO Modern Asia」是個標準叫好不叫座的案例。站在老闆娘的立場，曾經，我以為我會為台北信義店轉型 Fine Dining 餐廳失利而感到難過或氣餒，原先真的以為我會有很大的心情起伏和挫敗感，因為我們是那麼的努力付出，仍然遇到經營上的難題。但很奇妙的是，當 Jerry 和我選擇直面挫折、承認錯誤時，我內心反倒沒有出現原先設想的魔鬼吵雜聲，也沒有戲劇性的翻桌情緒。平靜，油然而生。我們自言自語著：「**現在生意出現狀況了，好，知道了！那要怎麼辦？怎麼安排下一步？我們還能怎麼一起努力？**」大部分 Jerry 和我想得都是這些。

> 當生意出現狀況時，第一時間面對挫折非但不可恥，反而因為直球對決，找出問題根源，更容易讓心靜下來，專注思考如何突圍。

雖然難免覺得可惜，短暫的抒發壓力，但那佔我們總體討論時間大概不到一小時，接著就拋諸腦後。也或許是因為時間都拿去想方設法了，以致於沒有太多空檔來得及負面思考。

台北信義店朝米其林的志向華麗轉身，沒有成功，歸根究柢，最傷腦筋的不是資金，而是「人」。我們真實感受到真的有「錢」沒辦法解決的問題（啊～多麼痛的領悟！只能哼歌抒發一下），我們相信餐飲業的老闆們，所遇到的問題應該是相去不遠。我們錯估「消費人口基數」和「高端餐飲服務人才的數量」正在急速銳減，這兩者因素關乎成敗。

自 2023 年 3 月，台北信義店轉型一年之間，我們和其他 Fine Dining 餐廳如雨後春筍般冒出，本島消費人口基數不足，更因為無法順利應聘合適的高端餐飲服務人才，而不得不宣布終止 JK STUDIO Modenr Asia 這個項目。這是一年後轉型告終的心得，細節方面，一切得從疫情前說起。

## 勇敢嘗試，逆勢而起！

2016 年的母親節台北信義店開幕，原名為「JK STUDIO 新義法料理」，主打信義區聚餐餐廳，講求烹調新鮮食材料理為訴求，營造溫馨、輕鬆用餐的義法料理餐廳氛圍。

餐點品質維持在水準之上，Google 真實評價平均維持在 4.7 顆星，晚餐人均消費大約 1000 元 ~1300 元之間，雖然地理位置稍微偏離信義區中心，但因為離捷運市政府站出口很近、停車極為方便等等交通優勢，加上我們著力於行銷與數位廣告投放、企業包場熱絡，讓我們獲得不少好口碑，生意日漸興隆。

2018 年至 2020 年底，台北信義店的總體表現呈現上升趨勢，表示我們在餐點、價格、定位和目標客群的方向正確。可惜好景不常，才正要開始獲利，沒想到天有不測風雲，Covid-19 疫情在此時爆發開來！那時我們深深體會何謂「雪崩式下滑」的業績慘況。那種感覺是，明明上週末整間餐廳還高朋滿座的，怎麼瞬間就沒客人了？一個客人都沒有！

抗疫之路從數週、數月到以年為單位做計算，心煩與焦躁如影隨形，纏鬥著 Jerry 無數個失眠的夜晚，公司戶頭現金水位急速下降，員工個個人心浮動，如果說 Jerry 不擔心，那是騙人的。

但就是在這樣艱難的時空背景之下，Jerry 拍板兩件事情：一. 是確定和華泰集團簽約，插旗桃園華泰名品城，開拓 JK STUDIO 第二間品牌旗艦店；二. 是計畫將台北信義店升級轉型，朝向 Fine

Dining 餐廳前進。除了增資以外，並延攬有精緻餐飲經驗的夥伴加入我們團隊。這兩個決定並不容易，更具體的說，看起來像是財團才具備的實力規劃。因為在疫情期間，大家縮編、停業都來不及了，勇敢嘗試、逆勢而起的人可能不多。

台北信義店經過疫情沉潛和 2022 一整年的測試，包含試菜、試酒與團隊夥伴開會討論想法，我們再度投資兩百萬元，整修部分內裝與廚房設備，更換新的烤箱、冰箱、餐具、酒杯 .... 等等，2023 年春天，轉型 Fine Dining 高端餐廳的計畫正式啟動。

在前期改弦易轍是最順利、生意最好的時候，那時疫情解封、餐廳內用開放，但是國際旅遊尚未完全解禁，所以本土的餐飲業一片蓬勃。我們見證人們掙脫疫情枷鎖，發揮代償性消費實力，但這種榮景，僅僅維持一個季度而已，接著暑假境外旅遊開放，國際旅遊的生意逐漸回暖，加上日幣貶值，前往國外觀光旅遊的人數激增，直接影響本土餐飲消費市場。

也就是說，我們的確有想過國門開放可能會影響生意，但如果自身不是餐廳經營者，真的無法體會這般巨大的影響程度。台灣人跑到國外旅遊，但外籍旅客入境卻不如往年頻仍，再加上我們誤判情勢，導致最後轉型 Fine Dining 的計畫沒有成功。

## 做了才知道！台灣高端餐飲人才的質與量並不如想像

我曾聽一位創業家老闆說過，台灣技職教育有待改進的地方，有幾個方面還可以再加強，包含：教導學生「錢在哪裡？」、「業主（客人）在哪裡？」、「廠商去哪找？」、「上下游供應鏈資源怎麼整合？」不要讓學生離開學校進入職場後才又重新摸索。技術層面精湛固然很棒，但社會生存單單只有一技傍身，對於才剛出社會的新鮮人來說非常薄弱，這件事也反應在台灣的餐飲市場環境中。

我們遇過一部分餐飲科系或青年從業人員，他們的履歷拿出來洋洋灑灑，證照多如牛毛、參賽成績斐然，三張 A4 紙完全不夠列印他們的履歷及輝煌戰績。他們對於「專業技能」感到自豪，認為這樣就是入行餐飲業的一切，或許就像小部分其他行業的專業人才，自認在他們的領域裡能夠征服宇宙，餐飲業技職教育大概就是這個樣貌。

並不是說技職專精不對，技術精湛恰恰是成就一門餐飲事業，最需要的條件之一。但如果講到商業、講管理、講財報、講行銷、講效率、講跨部門溝通、講解決問題的能力，身為業主的我們時常感到頭疼。像是：**如何培養重要顧客？如何傳遞價值主張？如何提升業績收益？光只是談談這些最 ... 最基本的觀念與知識，對於技職觀念優先的從業人員來說，難如登天！**因為以前沒學過的事，他們沒有意識到這些都與自身職涯有著密切關係。

幸運的話，老闆們會遇到想要進步的夥伴，認為自己還有許多有待加強的職場競爭力，下班後報名各種相關學習，能遇到這樣的夥伴，萬幸。但較常見的情況是，他們會跟你談為什麼不能週休六日、為什麼過年不能放長假、為什麼業績跟他們有關係？一連串的為什麼，問到業主們懷疑人生。老闆們心想：「我不是已經付了高薪嗎？為什麼問題沒有被解決，反而引來更多需要業主（或主管）扛下來收拾善後的其他枝節。」

開一間高端餐廳，並不完全如外界所想像，花大錢堆砌裝潢美輪美奐，三顧茅廬邀請星級主廚來掌管，再聘任高級經理與侍酒師來提升外場服務水平，這樣就是高端餐廳。「金錢」無法解決少子化之下，整個台灣社會高端餐飲服務人才流失的問題，大家只能靠更多的錢去其他餐廳挖角。僧多粥少的局面，讀者們或許很好理解數量多寡的涵義，至於「素質」方面，我舉三個例子給大家參考。

### 第一個案例，抗壓性的故事

台北信義店在尚未啟動轉型計畫的前一年，那時還不是做 Fine Dining 餐廳，我們與某間餐旅科系學校建教合作。學生來到我們餐廳實習，晚上收店擦地板的時候，她拿著拖把，彷彿中國民間書法高手，在廣場地板寫毛筆字似的從容。我能形容的如此貼切，正是因為我兒子小學三年級以前就是這樣擦地板的，所以我知道。Jerry 見狀便教實習生擦地板的正確路徑與方法，應該怎麼做才會

正確。Jerry 語畢後，實習生淚如雨下，回家覺得委屈，向學校申請要辭職 JK STUDIO。Jerry 丈二金剛摸不著頭腦，他想說發生什麼事了？！（各位，你懂 Jerry 的心情嗎？）

當我知道這件事的時候，我就先質問 Jerry：「人家小女生，你是不是兇人家？」Jerry 被冤枉的表情顯露無遺，他說：「我沒有！我沒有兇她，我只是跟她說這樣地板擦不乾淨，應該怎麼擦才會乾淨。」他趕緊解釋並感到非常無奈。

隔天，Jerry 接到學校老師電話關切，Jerry 向老師說明當時的情況，所幸，我們遇到有經驗、為人明理的老師。結束電話後，老師輔導該名同學，後來這位同學並沒有辭職，而是選擇繼續在我們這完成此份實習工作。

這名實習生給了我一個震撼教育，因為我發現對社會新鮮人來說，「抗壓性」這真的不是件小事！自此事之後，我每個禮拜天都叫我兩個小孩吸地、拖地，把家裡的地板整理乾淨。我跟孩子們說：「以後你們的房間自己打掃，媽媽不會再幫你們整理房間了，家裡的地板每個禮拜都交由你們拖乾淨，不乾淨我就叫你們重擦。」一開始小孩也是哇哇叫並問我：「媽媽，我們家不是有掃地機器人？用那個就好啦！」幾個月之後，孩子們透過每周的家務活勞動，知道爸爸媽媽會因為「不重要的小細節」而要求他們，比如，吸完地為什麼地上還有兩根頭髮？擦完地為什麼地板還有一道污痕？久而久之他們也就慢慢習慣「被要求」這件事。

坦白說，我認為是我和 Jerry 在實習生身上學到的更多，大家彼此

教學相長。她讓我回頭審視，我們這些當家長的還能怎麼做，對下一代才會有幫助？許多父母都希望給孩子最好的環境和教育，讓他們不要輸在起跑點，但孩子出了社會，真正讓他們贏在起跑線的，真的只有物質和成績嗎？現階段，校方和餐飲業主只能一起加油，盡我們所能擔起社會責任，帶給下一代有幫助的正向價值觀。

## 第二個案例，效率這件事

正在轉型 Fine Dining 的路上，我曾經遇過一位夥伴，以前任職過台北某間米其林星級餐廳，他跟我說：「客服私訊不能太快回應，有失高端餐廳的格調與身份。」一番話打破我三觀，我心想這哪門子的客服？！於是，私訊客服從原本的餐期忙完後盡速回應，逐漸拉長至隔了一天才回應。

剛開始聽到這個理論時，覺得不可思議，究竟是哪家所謂的高級餐廳如此高勢能、這麼有地位？我們是想轉型成高端餐廳沒錯，但我們並沒有要朝龐大的公務體系看齊。我們沒有這麼多人，也沒有這麼多事要忙，「效率」不應該是商業環境中，最基本的生存法則嗎？何時低落的效率，電話打去沒人接聽、客服訊息慢慢回覆，變成了彰顯名店身份與地位的象徵？

這番道理，今時今日我仍然沒有想明白，我們也完全不能認同這樣的效率與工作態度。因為等到你隔天想起來要回覆時，客人早已訂別家餐廳了！

### 第三個案例，行業別認知差異

餐飲服務業有個為難的地方，別人放假的時候是我們工作正忙碌的時候，國定假日、特殊節日等等，餐飲從業人員無法見紅就休，這件事情還望周知。絕大部分的餐飲人都曉得，但我們難免還是碰到事與願違的狀況。明明公司制度白紙黑字寫清楚，但仍被夥伴挑釁公司的制度底線，比如說：農曆年春節假期任意排休，連續五天個人休好休滿，過年餐廳客滿的辛苦差事，全都丟給其他同事去忙活。換句話說，一來，對行業別的特性認知不足；二來，漠視公司的制度，損害公司的利益，更沒有尊重同事之間相互合作的團隊精神。

舉這三個例子只是個案，不代表所有餐飲從業人員都是如此。我們也合作過非常多兢兢業業、認真負責的優秀夥伴。回歸到前面所述，除了台灣高端餐飲人才缺乏以外，在技職教育的培訓上，業主們所創立的餐飲公司，體制本身必須內建「教育訓練」，此為業主、學校和員工都需要長期共同努力與加強的環節，很難有哪一方能夠置身事外。

以上是我們轉型 Fine Dining 餐廳所遇到的困難，**除了國際旅遊開放、本土高端餐廳市場供需失衡，供過於求之外，另一個不為人知的原因，則是餐飲人才的質與量並不如預期想像中的美好。**少部分的「專業餐飲人」其本位思考，時常凌駕於商業環境和公司體制之上，著實不利於高端餐廳的日常營運，這點是在轉型之時，我們的深刻體會與第一手觀察。如此細節是新聞沒有寫到、客人

無法理解，只有當我們真的親身經歷後，才懂得高端餐廳的經營真相。

## 回顧與檢討

經歷這兩年轉型的過程，我們現在的心態比較安然，主要是因為在疫情期間，雖然恐慌持續，但 Jerry 選擇 "Do Something"（做點事）。事後檢討認為如果我們都盡力了，但真的無法解決人才和人力的問題，那麼身為 JK STUDIO 創辦人的 Jerry 也絕不會怨天尤人、原地打轉。他一直以來的想法是「勇於嘗試，持續進化」如果真的做錯了，那就做錯了，趁我們還有能力的時候，趕快再做調整，不用礙於面子不好意思說，拱著臺階不願意走下來，虛有其表的臉面，對於解決問題沒有幫助。

Jerry 說：「我不會在那糾結對錯，而是我們在這次轉型 Fine Dining 的經歷中，實質獲得了哪些經驗和收穫？很多人瞻前顧後，不願意嘗試、不願意改變，非要等到『安全』才敢去做。何謂安全？等到安全了，這市場上還有你的位置嗎？舊的路不是不能走，而是還能走多久？」

他接著說：「我們轉型雖然不成功，但成本可控，這是一開始就評估過的事啊！在這條賽道上如果不行，那就趕快換條路，總是有路可走，直到我們做對為止。任何創業項目，這種底層邏輯不都是一樣嗎？不做怎麼會知道結果？」

◆◆◆

> **創業，不是得到就是學到，不會平白無故投資了之後什麼都沒有。**

起碼我們獲得與更優秀的廚藝總監合作的契機，與高端餐飲有過擦邊球的火花，未來我們可以等待觀望、希冀再起。假設將來敝公司再次打造新的 Fine Dining，相信屆時的作品與此次的水準也將不可同日而喻。因為我們有了經驗，知道「坑」在哪裡，會更加謹慎趨吉避凶，所整合的各項資源會更勝以往，進而發展出不同級別的餐廳。

另一方面，江山代有才人出，因為透過轉型曝光能見度，讓更多餐飲業界人士看到我們 JK STUDIO 這個年輕新品牌。同時，也藉由這段日子的轉型之路，把這些過程，寫成本書內容分享給廣大的讀者們。

我們願意捅破那層窗戶紙直言不諱，這點需要勇氣，多數的餐廳經營者們都是有苦難言，總不可能跑到大街上說自己生意遇到困難了、訂位不如過往了、星級評鑑和營收不一定成正比、人工成本上漲導致營運壓力山大 ... 等等，正在日漸消磨投資人、經營者和主廚們的熱情與戰鬥力。我們不代表全部，但以我們台北信義店轉型失敗的個案，想讓本書的讀者們略知一二，關於台灣高端餐飲有些你所不知道的事。

各行各業都需要被理解、被善意包容，而中小企業之餐飲業主，在經營路上所遇到的種種困難，並非單憑一己之力就可以解決。比如日益失衡的勞基法問題，長期來看只會加重餐飲雇主們的營運負擔。我們是全心照顧了員工沒錯，那投資人呢？難道投資人不用照顧嗎？當無法正向循環時，這會讓業主陷入兩難的局面。

但另一方面，站在 JK STUDIO 創辦人的角度，對於一路支持我們的顧客與朋友，我們深感歉意。雖然竭盡全力，但 Jerry 和 Irene 知道仍有許多不足之處，還有很多能再優化的地方，例如，裝潢、硬體還需要再投資升級、加強改善；服務人員需要重新獵才。像這類的過程，最終都歸納成此次轉型 JK STUDIO Modern Asia 的回顧與檢討。未來持續堅定向前，讓客人感受到我們用心的經營與陪伴。


## 結語

雖然勇於嘗試的精神值得讚賞，但想特別跟讀者們分享一個重要關鍵報告。

JK STUDIO 旗下分別有商場百貨店和獨立街邊店不同業態，Jerry 在思考店舖轉型的規劃上是有選擇性的，他選擇先用「獨立街邊店」做嘗試。因為嘗試改變新事物的路徑通常風險大、不確定因素多，所以盡量避免利用百貨店做轉型的嘗試。除非，已經確定並測試完整個商業模式、餐廳定位和未來五年內的營運規劃，條

理分明寫進商業計畫內，否則不要一開始就拿百貨店來開玩笑。

品牌與百貨的那只合約上，都有清楚標示原定的所有營運內容，千萬不要任意揮霍商譽去做違約的決定。翻譯成大白話就是說，街邊店是自己的地盤，風險可控的範圍內隨你所欲；但在百貨店甲乙雙方條件分明，一切得按部就班。

從 2024 年 6 月 1 日起，原 JK STUDIO Modern Asia 再度改名為 JK STUDIO 法式餐酒館 - 台北信義店。以區域性作戰的方式，為法式餐酒館再拓展一間分店，分別服務台北大直和信義區不同區域之客群。鄰近的區域性佈局好處是人力資源得以共享，行銷宣傳得以同步、採購成本尚有商談議價的空間 .... 等等。

英特爾傳奇 CEO 安迪‧葛洛夫曾在他所著作的書中回憶：「假如我們當初沒有改變經營策略，不但早就陷入極端險惡的財務狀態，也一定已經淪為記憶體產業中沒有什麼分量的角色。」[註1]

不分產業，大家都會面臨到策略轉折點，這篇用 JK STUDIO 驚險的一戰與讀者們分享。Jerry 於風險評估範圍內允許犯錯，在尚有能力翻盤時小步快跑，如何帶領公司與團隊脫離險境、再創美景，絕對是所有領導人必修的課題。

---

註 1　安迪‧葛洛夫 (Andrew S. Grove) 前英特爾執行長，於 1980~1990 年代，帶領英特爾從記憶體公司轉型成為全球最大半導體公司。此段回憶收錄於《10 倍速時代，唯偏執狂得以倖存》書中 / 第 5 章　撤退，才能看到勝利　我們如何退出記憶體產業？

# Part4

# 品牌之路從這裡開始走下去

#  食安風暴下，品牌該如何處理食安危機？

◆◆◆

**危機處理就像消防滅火，平時就得訓練。**

2024 年 3 月 26 日，爆發一起震驚社會的嚴重食品安全事故，素食品牌「寶林茶室」的消費者二十多人食物中毒，其中兩人身亡，多人重症，案件隨即進入台北地檢署偵辦調查。

那時因為創辦人一句失言炸了鍋！「寶林茶室」的創辦人剛開始出面時說：「我們食材都用素食，所以很安全。」此話引發眾怒，導致事件不斷擴大、愈演愈烈，一發不可收拾，即便後來由律師陪同出面鞠躬、道歉，仍舊無法挽回消費者的心。

這位創辦人說了不該說的話，他真的不適合在第一時間狡辯、推卸責任。他其實可以表明負責到底的決心，換個比較好的方式說：「因為寶林茶室事件造成社會恐慌、動盪，我身為寶林的負責人在此誠懇向社會大眾道歉，並且會全力配合檢調和相關單位的調

查，去找到真正的原因，我們一定不會逃避。」

如果寶林茶室的老闆第一時間是這麼表態的話，相信對消費者、家屬的心理不安和社會輿論撻伐，其傷害會降到相對程度的低。但我們能夠這麼理性的講，不是因為我們有多高明，而是因為我們不是當事人，旁觀者的立場看法總是能夠比較冷靜的判斷什麼該說、什麼不該說。我們身為餐飲業者，深知這樣重大的食安事件，無論發生在哪一家品牌身上，大家都一定都會緊張、焦慮、害怕，**人會自動開啟自我保護意識，所以想要證明自家品牌沒有問題，但是，這絕對不會是正確的做法。**

無獨有偶，寶林茶室的事件隔一個月後，Jerry 到某知名品牌用餐，回家後身體出現嚴重不良反應，前往醫院就醫掛急診，後續 Irene 與此知名品牌主管交涉，發現原來所謂的大品牌，危機處理的能力不如表面名氣。這也給 Jerry 和我有反思的機會，究竟品牌該如何正確處理食安危機呢？

本篇我們用寶林茶室的新聞作為切入點，以 Jerry 吃到某品牌不乾淨的食物而生病為故事案例，**最後貢獻一份我們公司「食品安全危機處理 SOP」給讀者**。這份 SOP 的每一字一句都是經由真實事件的發生後，我們自己去體悟、領會，在 Jerry 身體康復後，所共同撰寫出來的。人說，危機就是轉機，在此之前，我司沒有一份完整、正式的「食品安全危機處理 SOP」。如果你認為我們所整理出來的內容對你有益處，請不用客氣，儘管帶回貴單位善加利用。因為我們深刻理解品牌經營極度不容易，所以，希望能夠為

讀者們創造少走彎路的價值，也期望為台灣的大眾消費者和餐飲業者略盡綿薄之力。

## 當消費者發生食安問題，真實事件案例分享

主因：Jerry 腸胃炎

日期：2024 年 5 月 6 日

時間：16:00

地點：百貨公司美食街，日本知名品牌

2024 年 5 月 6 日，下午四點，Jerry 因公外出，洽公結束後，因午餐未進食感覺肚子餓，故前往鄰近的百貨公司美食街用餐。在眾多店家中，選擇一家日本知名品牌，點了一份餐食和配餐湯品、飲料。回到家後，因肚子已有飽足感，故當晚只有少量食用 Irene 所料理的晚餐。

23:00 過後，Jerry 開始腸胃出現不舒服的症狀（Irene 和兩個孩子安然無恙），半夜嚴重腹瀉和嘔吐。腹瀉至少 8 次以上，嘔吐 4 次以上，情況甚是嚴重。你有看過水庫洩洪嗎？Jerry 嘔吐時就像洩洪一樣，並伴隨身體發抖；腹瀉症狀更加慘不忍賭，幾乎離不開馬桶。

凌晨，因情況未見好轉，且腹痛難耐，於是決定前往醫院急診室

就醫。醫生判定是因不乾淨食物引起的腸胃炎，視病情需要抽血檢驗，結果白血球異常增多，數值大於 10000 以上。依照醫生的處方開立，於急診室施打點滴，結束後自行返家。

2024 年 5 月 8 日，中午 12 點多，Irene 撥打電話至此品牌，告知有此一事發生，請他們檢查處理，但卻遇到第一線員工與經理，危機處理能力不足的情況。

首先，店員接聽電話，聽到 Irene 的陳述後，店員說：「我立即向店長呈報，之後會回電給您。」

Irene 為了避免被拖延，向店員詢問：「什麼時候會回我？」

店員說：「一個小時內。」

很快店長打來，Irene 再次把事件經過從頭到尾說一次。

店長首先關心我的先生狀況有無好轉？聽到我說有好轉之後，立即開始解釋：「我們都沒有接到任何人反應食物中毒，您這是個案，而且我們每天早上開店，廚房都會試吃每一項食材，我們 Google 評論也都沒有被反應有食物中毒的評論。」

此品牌全台共有六家分店，店長深怕被誤會該分店有缺失，極力想要維護自家店舖，所以不停解釋著。

店長接著繼續說：「你們有驗血報告、就醫證明或收據 .... 等等相關資料嗎？」

此番話讓我很不能接受，我回覆店長：「意思是，要等到很多人出來反應，才叫作食物中毒？我們才不算是個案嗎？要等到你們確定很多人食物中毒了，你們才要處理，是嗎？照你這邏輯，那地震只倒一棟房子，不能算地震，要等到倒了很多房子，才叫做地震，是嗎？」

店長啞口無言，於是再向上呈報給經理，請經理出面解決。

經理很快打給 Irene，首先禮貌關心 Jerry 的身體狀況，接續後面的說詞及處理方式，與上一通電話店長所說的內容大同小異。

經理甚至問我：「您這邊希望我們怎麼處理或賠償？」經理說明他們會等到保險公司確定後，可以進行賠償。

Irene 回覆經理：「餐點費用 469 元，就醫自費 979 元，請問，我有差這一千多塊嗎？怎麼處理或賠償是你該思考的事情，怎麼會反過來問我？你們處理事情的態度和能力很讓人失望。」

最後，我們並沒有對此店家要求索賠，只希望他們徹底盤查，究竟是哪個環節的食材、人員或環境有問題，最重要的還是避免下一位受害者產生。

由此可知，多數餐飲品牌的管理團隊沒有重視食安危機處理。換言之，**沒什麼人意識到食安危機處理就像消防滅火一樣，平時就需要學習、訓練，最起碼每個人都要知道滅火器怎麼使用**。如果沒有學習，你相不相信，很多人不知道滅火器在使用前要拉開（或旋轉）插銷才能使用，以為拿起來壓了手把就可以滅火。不知道

很正常,因為平時沒學過,緊急時,人會因為緊張而步驟大亂,就跟食安危機錯誤的處理方式一模一樣。

## 你需要知道的食品安全危機處理 SOP

無論是大型集團或小型店家,每個人都是公司的第一線客服,無論職位高低都應學習危機處理的能力。以下針對此事件發生經過,有感而發製作一份「食品安全危機處理 SOP」。我們先從說話的藝術開始,接著再看 SOP,讀者會更加有感。

| NG 版說詞 | 正確版回應 | Jerry 補充說明 |
|---|---|---|
| 店長說:<br><br>我們沒有接到任何人反應食物中毒,您這是個案。 | 我聽到您的聲音了!<br><br>先生到我們這邊用餐,當天回家後,雖然有食用家中晚餐,但晚上隨即出現上吐下瀉的狀況,但您與孩子們身體無恙,所以,這很有可能是在我們這邊用餐時,發生的問題。<br><br>先生現在身體都還好嗎?<br><br>我們致上誠摯的關心,顧客的食安是我們非常重視的細節。 | 先仔細聆聽客人說話,邊聽邊拿紙筆,把重點關鍵字寫下來。<br><br>將你聽到的重複一次,讓對方知道你有在聽,並且有聽進去了。<br><br>第一時間關心對方,先聽,先不要急著辯解。 |

| NG 版說詞 | 正確版回應 | Jerry 補充說明 |
|---|---|---|
| 店長說：<br><br>而且我們每天早上開店，廚房都會試吃每一項食材。 | 我重複一下先生當天吃到的有關食材：澱粉類、菇類、海鮮類、蛋類、蔬菜、湯品、飲料...等等。（不公開原則，故食材以分類名替代之）<br><br>待會掛掉電話後，我會立即通知內場主管，請廚房全面檢查所有食材的保存狀況、看是不是哪個環節有疏漏並追蹤您先生用餐當日的廚房狀況。並且會立即致電關心當天其他訂位顧客有沒有身體不適的情況。<br><br>請您給我們一點點時間進行調查，我會盡快大約三個小時內，給您回覆後續消息。<br><br>您這邊的發生經過我都清楚了，我們一定會負責，<br><br>非常謝謝您通知我們，讓我們有改善的機會，謝謝。 | 此品牌所謂的公司政策，每天開早，每樣食材都會試吃，這種官方說法，存在諸多疑慮。<br><br>試問：<br><br>1. 誰監督整個試吃經過？<br><br>2. 有沒有明確做食材試吃紀錄？<br><br>3. 早上吃了，難道下午、晚上就一定不會變質？人員輪班、食材存放、溫度控管...等諸多因素，都是有可能造成食材變質的風險因子。<br><br>所以，廚房開早員工試吃，跟客人有什麼關係？<br><br>食品安全本來就是應該要遵守的，不確定的事、對顧客無益的公司政策（或工作流程），一開始請不要跟客人多做解釋，與客人沒有半點關係。 |

| NG 版說詞 | 正確版回應 | Jerry 補充說明 |
|---|---|---|
| 店長說：<br><br>我們 Google 評論也都沒有被反應，我們至今也沒有接到任何人反應。 | 千萬不要這樣說。<br><br>Google 評論這種說法超級 NG！根本不值得一提。<br><br>對顧客無益的事情，連講都不要講。<br><br>沒有人在此品牌 Google 評論食物中毒？真的有早就上新聞了，輪不到我打電話。 | 店長認為自家評論沒有問題，對於一個剛從醫院急診室返家的客人來說，這種說法非常不妥。<br><br>而且店長拿 Google 評論來回應，潛台詞就是：「別人都沒問題，就你有問題。」<br><br>千萬不要讓客人覺得被羞辱，店家拿 Google 評論來辯駁消費者的認知，是最愚蠢的行為。 |

| NG 版說詞 | 正確版回應 | Jerry 補充說明 |
|---|---|---|
| 店長說：<br><br>你們有驗血報告、就醫證明或收據 …. 等等嗎？ | 千萬不要這樣說。<br><br>絕對、絕對不要一開始就和客人索要收據、證明之類。言語上，聽起來是在質疑客人的誠信。<br><br>但為什麼店長會說這句話？<br><br>各縣市政府均有強制規定在公共場所營業之餐廳，需投保「產品責任險和公共意外責任險」。<br><br>店長會問這個問題，是因為他們要向投保單位申請理賠。<br><br>但是在第一時間危機處理的時候，「客人」是最優先的順序。<br><br>這位店長卻徹底把順序搞反了，他將公司立場擺在最前面，故危機不僅沒有被解除，反而提油救火。 | 什麼時候可以要驗血報告、就醫證明或收據呢？<br><br>當客人的病況和情緒都完全好轉後，店家也已經處理好慰問、賠償或補貼…等等具體行為，客人態度趨於和緩，最後再向客人請求這些資料。<br><br>說法是：<br><br>某某小姐 / 先生，可不可以請您幫我一個忙？由於保險公司會需要我方提供驗血報告、就醫證明或收據這些資料，是不是我們約個時間，看什麼時候我和您拿這些資料比較方便呢？ |

| NG 版說詞 | 正確版回應 | Jerry 補充說明 |
|---|---|---|
| 經理說：<br><br>林小姐這邊希望我們怎麼處理或賠償？ | 我們得知您半夜陪同先生跑醫院急診，一定都沒有好好休息，您辛苦了。<br><br>很抱歉我們沒能陪同一起到醫院，但是醫藥費部分能不能讓我們來為您分擔呢？<br><br>如果您方便的話，看是我們加個 LINE，以利後續聯繫，您隨時能找得到我，您認為這樣好嗎？ | 第一，先讓客人安心，先把對方的情緒安撫下來，讓客人接收到「我方願意負責任的態度」，這點很重要！<br><br>第二，「錢」的事，要讓對方有台階下，我們要製造一個虛擬臺階，請客人順著臺階走下來。<br><br>「能不能讓我們來為您分擔？」<br><br>「關於醫療費用和用餐費用，公司表達希望能盡我們心意，與您共同面對，您不會是一個人獨自承擔，請您給我們這個機會。」<br><br>讓客人覺得，他不是被店家遺棄的一個人，這間公司有誠意與他一同解決問題，才是最重要的，客人要看到的是誠意。 |

| NG 版說詞 | 正確版回應 | Jerry 補充說明 |
|---|---|---|
| 經理說：<br><br>會等到保險公司確認後，所以可以賠償。 | 醫療費用的部分請您不用擔心，我們一定會負責到底。<br><br>敝公司每年都有依政府規定投保責任險，所以請您安心。<br><br>醫療費用實支實付和當日用餐的所有金額，請讓我們來陪您一同面對。 | 這位經理的意思是，不知道要等到多久以後，保險公司才會賠償，這無疑是讓顧客更加不安了。<br><br>請各位夥伴要學習判斷，客人早早已說明是腸胃炎，到醫院自費看診腸胃炎，花費並不高昂。<br><br>保險公司的理賠應由餐廳與保險業務員接洽，這和顧客仍然沒有直接關係。<br><br>顧客對接的是餐廳，所以，客人的醫藥費用，應由餐廳先行負擔。 |

以下則是我們從餐廳品牌立場，擬出來的食安事件危機處理 SOP：

1. 接獲顧客反應吃壞肚子已到醫院就診，先關心慰問客人目前的身體狀況，有沒有我們這邊能夠立即幫忙的地方？

2. 若是基層夥伴接到顧客電話反應，請客人留下貴姓大名和手機號碼，將此案交由店經理處理之，向上呈報，不要讓外場夥伴單獨處理，並將此案寫進工作日誌。

3. 店經理接手後，請站在客人的角度思考，第一時間關心對方，先仔細聆聽客人說話，務必讓客人把話說完，不要插嘴、不要急著辯解公司沒有問題。一邊聽一邊拿紙筆，把重點關鍵字寫下來。將聽到的重點重複一次，讓對方知道你有在聽，並且有聽進去了。

4. 在案件尚未查明清楚之前，不要完全否認、也不要完全承認誰對誰錯，可以回答：「這很有可能是在我們這邊用餐時，發生的問題。」讓客人覺得他的意見有被重視。

5. 向客人致謝第一時間通知我們，讓我們有改善的機會。並隨即通知當店的內外場主管，請他們仔細盤查食材、衛生，當日出勤狀況。

6. 讓客人理解我方負責任的決心，當日用餐金額、客人因事件產生的醫療費用，我們會負責，與他們共同面對，請客人安心，「安心」兩個字是精華重點。不要先入為主的認為，別人會來獅子

大開口，要往好的方面設想，其實多數客人要的只是一個交代。

正確地說，因為顧客對品牌有期待、有信任感，所以讓顧客覺得舒服、滿意，是品牌應盡的社會責任。若沒有培養這一層思維和作為，不配稱為品牌，就只是一個畫著 Logo 的店家。

7. 店經理應該主動爭取機會，請問客人我們是否方便前往慰問，如果對方同意，請盡快在當日或客人指定的日期前往慰問。店經理需向公司申請慰問金，用紅包袋裝，並購買高級水果禮盒一份，前往慰問客人。

　切記：口語上「慰問」兩個字是最恰當的說法。講「關懷」顯得矯情，說要「拜訪」太過於商業用詞，不夠理想。

8. 等到與客人見過面、慰問之後，記得要交換 LINE，以便日後與客人聯繫。

9. 最後等顧客完全身體恢復健康後，再表明我司向保險公司申請理賠的來意，請客人幫個忙，提供保險公司需要的相關資料。

10.如果對方仍將自己維持在好友名單上，請將此顧客標註為熟客，店經理應在重要節日傳訊祝賀，例如：生日快樂、聖誕快樂、農曆年快樂 .... 等等。日後餐廳若有新品上市、活動方案，也可以偶爾和對方進行一些簡單互動，讓客人產生「這個品牌重視我」的良好感覺。

# 結語

「危機處理就像消防滅火」，我們不能保證這個世界日日平安沒有火災，品牌也是！我們不能擔保企業經營沒有危機發生，但我們可以從錯誤中學習，提煉出可以遵循的最佳化的步驟，讓品牌營運更上一層樓。

◆◆◆

> 平時就需要建構危機處理的意識。因為從總機到總統，每種不同的角色都有可能禍從口出、判斷錯誤因而導致危機發生，餐飲從業人員亦然。

大多數餐飲業者都著墨於餐點品質與服務態度，很少人重視或者沒有意識到，危機處理乃是包含在公司治理的一部分。Jerry 經由這次嚴重腸胃炎的親身經歷，以及寶林茶室的新聞，意識到食安危機處理的重要性，確實是公司內部（不分職位），人人都必須具備的職場技能。

最後，免費提供 Podcast 聲音教材，邀請擁有二十年公關及危機處理實戰經驗的講師來教教大家，讓讀者們除了閱讀以外，還多一個管道學習，提升你的品牌危機處理能力。

Ep.124【創業時代】「加一湯匙公關」品牌危機，你該注意的事 ft. 公關溫拿 Winner

🎧 收聽連結：https://reurl.cc/z16AD7

# 4-2　新創品牌應該如何
# 規劃自媒體經營？

> 創業資源有限，做廣，不如做深。

**規劃自媒體經營是** JK STUDIO **近年的行銷計畫之一，其重點在於「影響力價值」**，並為公司創造數位資產、累積品牌聲量和提升獲客轉單。

大型公司有充足的預算和整個部門人力，用以支撐自媒體營運，但身為新創品牌、中小企業的我們，無論是資金、人力、時間都非常有限，那究竟該如何規劃自媒體經營呢？

接下來，我把 JK STUDIO 為什麼要做自媒體以及個人心得分享給讀者參考。疫情之後，自媒體的江湖地位青雲直上，**個人 IP 的影響力，在不同領域上更勝大型網紅與** KOL，**品牌主不可忽視**。如果你還沒做自媒體，但一直在想到底要不要做自媒體？希望這一段多少能對你有所啟發。

## 社群行銷的難處，經營自媒體的必要

經營 JK STUDIO 餐廳品牌至今，我們站在第一線觀察「流量」與「存量」，有感主流社群像是臉書、IG 觸及率日益下滑，投放廣告費用高漲，網紅、KOL 與美食探店號的邀約合作愈來愈貴，即便雙方配合行銷宣傳，但時常會遇到有行無市、效果不如預期的狀況，成本都是由我們業者全部吸收。去年下半年，我們邀請多位網紅造訪餐廳體驗曝光，營業額效果遠低於疫情之前，再加上疫後復甦，國外旅遊開放，留在本土消費不是顧客唯一的選擇。

> 對於品牌方來說，「流量」無法準確預估，「效益」沒有實際保障，曇花一現的「存量」就更別說了，彷彿過客無法真正化為公司的數位資產。

2016 年的母親節 JK STUDIO 正式開幕，除了官網之外，多數人使用的社群平台，大部分我親自經營過，包含：Facebook、Instagram、YouTube、LINE、Pinterest、Google 商家，直到後來興起的 Telegram、Clubhouse、Threads⋯等等，其他大型的社群、論壇能加入的我都申請，什麼都學、什麼都做，想說多多益善嘛！

但我沒注意到的隱憂是，當時 JK STUDIO 的行銷就只有我一個人。

## 聚焦，才有力量

螢幕背後的我，雖然看起來天天都很充實，但仍有一絲絲梧鼠五技而窮的茫然。

2020 年，我萌生想要為我們品牌經營自媒體這樣的想法，但多年來，經營社群的心得明確告訴我，行銷人力就只有我一人，公司暫時沒有多餘的預算聘請行銷人才組織團隊發展自媒體，總而言之，我只能靠自己。

我先列出三個自媒體影音平台選項：YouTube、TikTok、Podcast。在理性盤點人力、時間和資金資源後，化繁為簡，選擇 Podcast 為我們公司規劃自媒體經營的第一步。

但為什麼是 Podcast ？

其實是因為在經營音頻自媒體之前，我曾經嘗試過製作短影片，2020 年我一個人做短影音企劃、拍攝、剪輯、上架、行銷...等工作，心得只有兩個字：崩潰。

印象最深刻的是，有一次我在剪輯影片，剛開始埋首工作時太陽還高掛著，當我再度抬頭，居然天黑了！天黑了！天黑了......我整個人被嚇到，驚訝地說不出話來，心想剛剛不是白天嗎？感覺就像不過短短幾分鐘前的事，怎麼白天變成了黑夜（穿越時空？），但其實已經過了五、六個小時，只是我太專心沒發現而已。

2020 年 7 月，我在某課堂聽到講師說，他的員工建議他經營 Podcast，我心想：「那是什麼？」

那年在台灣無論資深或資淺，懂得製作 Podcast 的人少之又少，我覺得這件事情有趣，而且在我看來是個機會，正因為我身邊的人都不會，不如我來試試看，於是一頭栽進 Podcast 的世界。白紙一張的我，透過閱讀書籍、網路搜尋、聆聽其他創作者分享製作的經驗，一集又一集摸索學習。

規劃自媒體主題時，我沒有刻意選擇與「吃」有關的內容。我認為開餐廳不一定就非得要製作和吃有關的內容，我發現與人對談是我有興趣的方式，判斷節目探討創業的議題不會給 JK STUDIO 帶來負面影響，音頻製作不會半途而廢，於是我選擇加入 Podcast 行列，付諸心力與時間。

**自 2020 年 7 月以來經營至今，因為只做好這件事，專注沒有雜念，節目在次分類「創業」排行中，時常出現在前段班。**收聽數逐年進步，單集平均不重覆收聽數從過往僅有幾十次到幾百次，晉升到近兩年達上千次（有的高達 2~3000 次收聽），小眾節目能有這樣的成績，我覺得很開心。

收聽數在網路上看起來或許是個冰冷的數字，但如果想像，每一集播出，都有一千多人坐在台下聆聽我們演講，那畫面是不是很令人感動呢？而且 TA 受眾絕對精準，這又是另一個高難度的收穫，分析最重要的原因就是：聚焦。

或許我的單集平均收聽數，對大型創作者來說只是零頭而已，拿出來講可能讓會讓強者們見笑了，但經營自媒體這一路上，看著一步一腳印、實實在在累積出來的成果，內心還是很澎湃激動的

呀！尤其我是素人，不具知名度，起先也沒有專業可言，能有這樣的成績，我們要給自己灌注信心與肯定。

## 相信自己，新創小品牌也能做自媒體

每集開頭我都會強調：「本節目由 JK STUDIO 冠名贊助播出。」，也會在節目中間做一個斷點，露出 30 秒我們品牌餐廳的廣告，以此管道為行銷宣傳之一。

曾經我一直以為我帶貨、轉單的能力很差，畢竟在自媒體的世界裡，Podcast 效益比較難估量，我實在沒能力像 TikTok 網紅大小楊哥一樣，一句：「兄弟們！」即刻秒殺 10 萬筆下單，我連本土領頭 Podcasters 的業配零頭都不曾賺到過。所以，談到影響力變現時，我總是懷疑自己非主流的觀念是否可行？

> **因為我認為自媒體經營，需要靠長時間的積累與能量堆砌。**

但就在 2024 年 3 月，我一位創業時代來賓給了我很大的鼓舞。

受訪來賓非常低調，默默帶了公司一行人共 20 位到我們餐廳聚餐，我後知後覺，實在很不好意思的請他下次光臨，我們再好好

幫他客製化菜單，給予優惠。我之前沒想過這位創業時代來賓會這麼支持我們餐廳，因為平常大家各忙各的，我也不會有事沒事去打擾人家，就算我所邀訪的對象，沒來我們餐廳消費，我也覺得沒關係，因為不管有沒有消費，我都一樣老老實實的做好每一集 Podcast 節目內容。

**我深信經營自媒體的精隨是「影響力」與「價值」**，而不是一開始就急著想要變現，人對哪方面有企圖心，其實別人很容易感受的到。來賓們都知道我們開餐廳，但我從不讓來賓有壓力，初衷是希望能做有價值、有質感的節目內容，順便交朋友，這在自媒體的經營上，需要耐心和毅力。

在製作上，我讓《創業時代》透過真實、真誠的路徑，將來賓的創業故事傳播給聽眾，如果說事後，來賓和聽眾因為認同 Irene 替創業家「定製有價值的聲音名片」之理念，而前往 JK STUDIO 捧場支持，對我們來說，那是額外的紅利與鼓勵。這筆消費包含了意味深長的信任關係，而不僅是吃頓飯而已、不僅是對創作者打個賞而已。

除了上述的情況，實際上還有許多來賓呼朋引伴，帶著家人、同學、同事、客戶，甚至還有帶社區鄰居來我們餐廳消費，他們用行動支持我們的創作和事業。寫到這，我真的很難形容此刻心情，**當初沒有把「變現」兩個字，設定為自媒體創作的初衷，是我做得最正確的抉擇，無關乎節目是否成功，創作者的價值觀很重要。**

我用一句話落實自媒體：「開一米寬，鑿一萬公里深」聚焦、專

注地做好一件事，比蜻蜓點水做一百件事，通常會來的更有意義和影響力。

◆◆◆

**打造品牌也是，在有限的資源和能力之下，做贏、做強一個品牌，比亂槍打鳥做十個來的更令人矚目。**

## 結語

繼我們為 JK STUDIO 成功經營第一個自媒體 Podcast《創業時代》後，自 2023 年起，官方社群的露出比重五成以短影片方式呈現。繼行銷生力軍進來以後，陸續推出質感短影片，傳遞我們精心營造的用餐氛圍和餐點內容，希望呈現給 JK STUDIO 的受眾與粉絲更多美的畫面。

而自媒體主要目的是在於「影響力價值」，為公司創造數位資產、累積品牌聲量和提升獲客轉單，從線上導流至線下，最終為品牌帶來長遠的獲利。**所以現在的餐飲品牌主，無法再期待人在餐廳坐，客從八方來，現在是「酒香更怕巷子深」的時代。**

讓線上和線下的品質達成一致性。不要鏡頭前做得很好、說得很棒，但客人線下體驗卻不怎麼樣，那就可惜品牌主花了那麼多資源、心力在規劃經營自媒體，所以我們一定要避免本末倒置。

# 4-3 夫妻創業為什麼容易走不下去？

不怪匆促的每個決定，走不下去時想想：「難道當初結婚是為了創業嗎？」

我曾在社群上寫過一篇文章，標題是：「創業夫妻究竟該如何相處？」這篇文章引起很不錯的迴響，知名兩性作家特地私訊我，詢問可否授權轉載，我榮幸之至。當時會有感而發、文思泉湧是因為看到一條新聞，某電商平台的創辦夫妻離婚了，這種家庭糾紛屢見不鮮，認真要說也不是什麼驚天動地的大新聞，但還是讓我覺得有點可惜。

我拿這件事跟 Jerry 討論，我說：「你看丈夫被小三收割了！」語帶為女性打抱不平的口氣。

他說：「妳怎麼不檢討女方？」兩性戰火瞬間在我家客廳挑起。

可能是我有在經營自媒體和知道如何撰寫新聞稿的關係，所以我

能體諒站在記者、編輯的立場，使用腥夫、偷吃、小三這樣的字眼來獲得流量與關注，這是沒有辦法的決定。事實真相與否也只有當事人雙方才知道，旁人總是霧裡看花，更別說是觀眾了。但站在創業夫妻的角度，同理設想，這樣的婚姻經營的確是比創業本身來的更加辛苦。

我曾經感慨：「創業難，婚姻難，創業夫妻的婚姻更是難上加難。」

## 創業夫妻不是 1+1=2 或大於 2

很多人常說：「我們要 1+1 大於 2。」說真的，創業夫妻不要這樣想。

草創初期沒人、沒錢、沒資源，的確我們要很努力的把兩人的精神、時間、力氣發揮到極致，以達最高效益，想盡辦法生存下來、把生意做起來才是真的。**當生意有起色後，隨著事業版圖逐步擴張、茁壯，這時兩人的數學題就不是 1+1 大於 2 了，而是 0.5+0.5=1，再來是 0.6+0.4=1，直到能配合到 0.8+0.2，甚至是 0.9+0.1=1 這樣的模式。**夫妻的關係像跳雙人華爾滋，你前進我後退，我前進你後退，練習不要踩到腳，是修煉默契最重要的事，而不是比較誰比誰厲害或誰該聽誰的。

這個「練習」我們大概練了十年，才有了一點點成果，朋友和我聊起這件事，聽到十年？！瞪大眼睛一副不可置信的感覺。俗話說：「十年磨一劍。」我們認為在創業夫妻的磨合上，極有道理。我開玩笑的和友人說：「唉呀，我現在都練成倚天劍了好嘛！」

朋友聽了笑開懷，覺得幽默。

幽默是種時間淬鍊的智慧，當我能夠雲淡風輕分享過往的事情，這套夫妻創業的華爾滋舞步，我們已駕輕就熟。Jerry 講一句話，他說前言我大概可以接後語；我一個不悅的眼神，他就知道某話題、某行為該就此打住。

夫妻之間剛開始創業時，一定會經過種種爭執，甚至於常常吵到要離婚，這都是很正常的事，一點也不奇怪。原因更是沒什麼大道理，就是因為兩人都太求好心切了！夫妻共同所創的事業就像是兩個人的小孩，想一想，你會用什麼方式愛你的孩子？

我們也曾歷經愛與痛的邊緣，離婚是不是就可以痛快的解決一切？因為在事業上太過各執己見和計較對錯，在外人看來一定無法理解，到底有什麼好爭執的，芝麻綠豆大的小事，不至於吧？但原因是我們工作太認真，求好心切的執念，有一種放不下的盲點，那是一種包含在創業本質內的心理煎熬，尤其當兩人白天工作在一起，晚上回家還要生活在一起，24 小時全天候相處，可想而知，創業夫妻的婚姻品質只能說：「一言難盡」。

不過，千萬不要因此誤解，想說能用分隔兩地來化解這樣的矛盾，除非嚴重家暴，否則我可以負責任的告訴你，**分居絕對是大忌**。

夫妻倆意見不合的時候，分開冷靜一下下，比如說：我會逛逛街、買買菜，或找間咖啡店待著做任何事都好，發呆也好，平靜心情移轉注意力；Jerry 選擇埋頭工作，或看看電影、電視劇，或找他

的男性朋友聊聊天。再嚴重一點，可能就是他回老家住個兩三天，小別勝新婚，但原則上不要太久，不要久到讓對方覺得習慣沒你也可以。

如果一氣之下單方面的搬家，一住就是一年半載，想用分隔兩地的方式處理意見不合，可能是引發另一個問題的開端，效果未必理想。我們明白創業夫妻胼手胝足共創事業真的是辛苦，但分隔兩地很容易為雙方埋下往後諸多遺憾，比如：第三者介入或親子關係疏離 .... 等等。

## 勿過度解讀女權主義

以前我從不穿耳洞，傳言說不穿耳洞下輩子投胎可以變成男性，我多想下輩子是個男人。後來因為女兒愛漂亮，於是我和女兒計畫某一次親子活動，一起去穿耳洞初體驗，我想我下輩子可能也還是女人吧！只是個輕鬆小笑話，大家隨意。

講到女性意識抬頭和女權主義，為女性爭取平等權利和解放，這是社會進步的象徵。但是否女人就該因此變得非常強勢？我個人持保留態度。很抱歉我自己也身為女性，但我無意冒犯。我們結婚 16 年，其中 15 年都在共創事業的日子中度過，Irene 深刻體會「兩性平權議題」在婚姻當中，真正能帶來的婚姻幸福感，有限！

良好的婚姻經營建立在互補、互助和互利之上。婚姻的本質是「共生」，踏入婚姻生活有更多時候是讓步、商量和體諒。除了傳宗

接代以外，設法讓家庭成員彼此共同成長才是正途，而非完全仰賴某種意識當道，然後推行過猛、矯枉過正。男性沙文主義和女權意識倡導都一樣，一旦觀念與行為產生偏差、扭曲，最終都是場災難。

◆◆◆

**夫妻創業要能走得長遠最好的方法，我們建議你採「負責人制」。**

意思是主要的領導人、負責人是誰？誰最有可能承擔後果？無論結果是好是壞，虧錢的時候，誰比較可能帶領公司起死回生；賺錢的時候，誰最有可能持續擴張版圖、領航向前？如果大家鷸蚌相爭僵持不下的話，那我借用郭台銘董事長土城總部選址的思考邏輯，接下來這句話不好聽，但非常實在：「萬一公司出了『大事』誰要去坐牢？」那你一秒就知道負責人是誰了，沒錯吧？兩個人相互去協調誰來當負責人，誰來擔協助者，不然你以為企業、集團的負責人這麼好當嗎？人貴自知，自己擅長做什麼、不擅長做什麼，心裡一定清楚。

我們曾看過一部大陸的連續劇，劇情內容描述一個鋼鐵小工廠在時代的風口，如何躍升成為國營大型鋼鐵企業的故事。其中一角色，鋼鐵公司創辦人因病去世。遺囑中，他將名下的所有現金、房產全都留給那名才二十多歲年輕貌美的妻子，然後把前途看好

的鋼鐵工廠過戶給他最信任的拜把兄弟。遺孀忿忿不平，直衝辦公室去找拜把兄弟理論，告訴他：「我要當董事長！」男方不急不徐的回應：「妳不適合做生意，這間公司的未來發展，還有這麼多員工要照顧，不是妳能擔得起來的，況且哥留給妳的遺產夠妳這輩子高枕無憂的生活。」最後，女方憤而離去。

雖然只是部電視劇，但劇情反應許多真實人生。劇中就算男女對調也沒問題，這與性別無關，不見得女人就一定柔弱，男人就一定勇者無懼，而是每個人都有自己的長處和短板。

現實生活中，太太辦事高效、學經歷比先生還要優秀的菁英大有人在，協調讓先生放下、太太出頭，或是太太回歸家庭、先生衝刺事業，都是可以溝通的做法（我們屬於後者）。當兩人共同經歷過創業的辛酸與成長的果實後，要誰放下都是不容易的決定，**「向上」是理所當然比較好達成的事情，「放下」反而是一個很扎心的考驗。人活著，誰都不願意被忽視，誰都想證明自己的價值，可是對公司經營來說，負責人才是最後的關鍵。**

## 最簡單的往往最容易被忽略

後來我問 Jerry 男人到底要什麼？他說：「關懷」

我認識的許多男性創業家，不管到幾歲，無論學經歷如何亮眼，事業如何有成就，他們都有個相似的共通點，就是「希望回家有溫暖的感覺」。

關懷兩個字誰不懂呢？聽起來夠簡單了吧？偏偏對創業太太來說知易行難，原因無他，因為忙啊！工作要忙、小孩要顧，很多雜事要處理，再加上宏圖大展的願望正一步步落實，自己也要跟著學習進修，免得顯露跟不上時代、落後於人的庸俗樣態，24 小時根本不夠用。共同打拼事業的生活，不只先生不容易，太太也很有壓力，因此共同忽略另一半的感受是常見的事。

但最簡單的往往也最容易被忽略，先生在外衝鋒陷陣了一天，在外像頭狼，回家像綿羊。男人回到家就像洩了氣的球，只想有人煮東西給他吃，聽他說說話，有人關心他；太太也衷心期望婚姻幸福、家庭和樂，累得時候也想要先生哄哄她、抱抱她：「老婆妳辛苦了，我愛妳！」誰不想要好好過日子？但此時夫妻就像兩顆高速運轉的陀螺，生活中充斥著各種忙碌，當未能滿足雙方心理需求時，那種內心衝撞、五味雜陳的感受，我猜正在看這篇內容的你，或許非常能夠理解。

講個真實的狗血劇情。有一次，我們又再度爆發激烈口角，家中的傢俱、擺設在倆人的情緒受力下也變得橫七豎八，不難想像場面的混亂。但一樣又是芝麻綠豆點大的小事，搞得雙方歇斯底里。那陣子 JK STUDIO 剛開大概一年左右，沒有名氣、沒有獲利、負債累累，生活上因為資金緊縮確實也陷入拮据的窘態，心情不好自然什麼都不會好。說實在，我現在真的忘了當初到底在吵什麼，但我永遠記得那次所流得淚，是改變我一生的眼淚。

回憶那陣子，我們不斷在口角、冷戰、爭執對錯、劍拔駑張的情

緒中渡過數月。Jerry 每天為錢發愁、為生意找出路，幾乎沒有笑容；我則是一方面要陪伴年幼的孩子，一方面要維持工作正常運轉，時常莫名偏頭痛，發作時頭痛欲裂。

印象很深刻，有段日子我常常撞牆發洩，我不是要輕生，而是真的頭很痛。我試圖叩叩叩 ... 拿頭撞輕隔間牆面，須臾之間，天旋地轉的錯覺讓我得以紓緩片刻頭疼。（錯誤方式請勿模仿，身體不適請盡早就醫）因為一直沒就醫，一陣子過後，我發現我頭痛的狀況不減反增，開始變本加厲，無論是敲擊頻率與牆面的硬度。

在一次雙方爭吵，引發我又再次劇烈頭痛，" 砰 " 的一聲，我跪在 Jerry 面前，拿頭敲擊磁磚地面，然後一直說：「對不起、對不起！都是我的錯、全都是我的不對！」在那一刻，我精神徹底崩潰、嚎啕大哭，無法自拔的眼淚像是洪水暴漲，一次宣洩所有的不順遂。他頓時語塞，著實也有些嚇著，他收回原本凶神惡煞的眼神，看著眼前這幕心生不忍，Jerry 拉著我說：「妳不要這樣，我們不要再吵了好不好，妳相信我，我們一定會越來越好的，妳相信我好不好 .....」那次我們兩個同時跪在地上，依偎在一起抱頭痛哭，既狼狽又憔悴，與現在人前風光的模樣，形成極大的反差，令人難以想像。

瀕臨破產的眼淚我們流過，面對前景無光的至暗時刻我們經歷過，也就是那次的眼淚擦乾後，我做出選擇。我開始思考如何成為一名稱職的協助者？以妻子的角度出發，期許有朝一日達成婚姻與事業平衡的願望。

# 有時候你需要賭一把

後來，我在囊空羞澀的時候，把扣除生活、育兒等家用，剩的餘額拿去做投資，我的投資就是去上課學習。

我報名坊間課程，充實行銷相關知識，但其實那時候真的經濟窘迫。一開始我只付得起 900 元 ~1200 元這樣等級的課程學費，而且還不是每個月都有辦法負擔，當錢不夠付學費的時候就想辦法，用最低的學習成本買書來看或上網自己查資料。一年半載過去，我和 Jerry 熬到餐廳生意有點起色，我才開始能夠付得起 3000 元以上的課程學費，接著 6000 元、9000 元、上萬元，一路繳費一路學習。直到現在，我仍然沒有放棄我還能做更好的協助者角色。

Jerry 從不過問我總共花費多少錢在充實自己，每次我刷卡繳學費，他都二話不說只負責結清帳單，對於學習方面的投資相當捨得。**沒有遇過難關的人或許不知道，原來，當我們每天睜開眼睛要跟公司的生死存亡搏鬥時，那種潛能會被激發出來，成長的速度飛快！**無論是閱讀的數量，亦或是學習的專注度，瞬間拉滿。就好像字典裡突然消失「我不會」這三個字，我們求知若渴，到處請益專家，拜託請告訴我怎樣可以更好？我們雖然現在做得不好，但我們可以改進。

就這樣經過好長一段時間之後，生意開始漸入佳境，我接著研究自媒體和培養新進行銷人才，為公司的下一階段做準備。我們的心得是：

◆◆◆

> 一旦啟動創業，大概就只有兩種選擇：一，要嘛痛
> 醒，改變自己；二，要嘛清醒，回去上班。

我和 Jerry 之所以都有很強烈的學習動機，不是因為我們有多優秀，是真的創業和營運時常會有舉步艱難的時候，想要生存下去，我們只能奮力往上爬。

## 想想看哪種印記是屬於你的標誌或風格？

創業夫妻真的不容易，「包容」講起來都很簡單，實際去做才知道有多難。我們互相虧欠、藕斷絲連，這種矛盾的情感只有自己才能體會。沒人看好的時候相濡以沫，有些光彩的時候共享榮耀。名義上我是 JK STUDIO 的品牌共同創辦人、是公司的行銷總監、是 Podcast 的主持人，同時也是本書的作者，活生生像個《媽的多重宇宙》。但回歸生活，我的角色依然是妻子與母親，與相愛的人共組家庭、養兒育女，即便過程不輕鬆，但那卻是人生路上，最美好的回憶與風景。

某回錄製友人的 Podcast 節目被問到：「妳的墓誌銘是什麼？」我不假思索的回答：「不悔。」，我個人很喜歡金庸大師筆下《倚天屠龍記》楊不悔這個角色名。在我眼裡，這個名字很美！不悔兩個字，我的解讀是堅強與韌性，而非單指不後悔。導果為因，

我用態度面去詮釋它，對於重要的事情果敢決斷，讓「不悔」成為我的標誌印記。

把這份堅強與韌性投資在婚姻當中，我覺得慢慢變富的機率偏高。雖然我不懂如何操作股票，但我喜歡用股市中「長期持有」的精神來詮釋某些事物。說實話，時至今日我們仍然常常在事業與生活上遇到意見相左的情況，但我樂觀相信我們的事業會宏圖大展、家庭會日益美滿，我為理想中的豐盛未來放手一搏、賭一把！無論愛情、家庭或事業，都盡可能讓自己保持平衡、維持初心。

那你有好奇 Jerry 的標誌印記是什麼嗎？

我 15 歲就和 Jerry 熟識，我們是高中同學又是大學同學。長年的友誼、感情與工作交織，我覺得他的標誌印記叫做「野心」。但他的野心並不浮誇，不是打腫臉充胖子，隨意誇下海口的那種。實際上是，如何思考從 10 元到一百萬元，從百萬到千萬、千萬到破億、一億到十億 ..... 循序漸進的這種野心。

那麼問題來了，站在妻子和共同創辦人的角色，我該怎麼搭配他的野心？

## 結語

2021 年，我曾經和一位創投意見領袖聊過天，那次他看我買他的書很認真地做功課，並請教他創業相關問題，他好意的跟我說：

「Irene 有個話妳聽聽就好，沒有數據支持。」我說好。

他說：「創投有條潛規則，盡量避免投夫妻創業。」他接著說道，這個潛規則沒有絕對，不是說夫妻創業不好，很多夫妻才智、學歷、經驗都非常優秀，他們的事業成果也令人刮目相看，其項目很多值得投資。但夫妻二人的生活不是只有工作，那些潛在的風險，投資人也會加以考慮、佐以評估。

他的一番見解講到我心坎裡，從他眼神之中，我似乎可以理解他為什麼這麼說。因為我和 Jerry 共同經歷 15 年的創業生涯，我們能體會的到最內心深處的感受。你知道嗎？當我們兩人對於工作的拚勁、態度和能力都是 1：1：1 的出色時，伴隨而來的矛盾與激化，也和前面的優點一樣是 1：1 的呈現。因為完美主義使然，就連爭執也極度認真！

那次向高人請益影響我相當深遠，他啟發了我對夫妻創業應該要有個停利點（也可說是停損點）這觀念。因此我開始衡量什麼時機點淡出 JK STUDIO 的行銷工作最合適？我選在小孩上國中（青春期）、人才順利培訓、公司估值破億的此時，卸下第一線的日常工作，退居幕後兼職公司內的行銷顧問，以家庭為重。光是這件事情，從 2021~2024 我整整計畫三年，將行銷的所有基礎建設打好，資源整合完畢，我的具體目標是要讓公司沒有我也可以，甚至更好！完善交接工作是每位職場工作者，應該要具備的素養與做事態度。

解鈴還須繫鈴人，Irene 此刻的選擇淡出，就是讓公司再向前一步

的一帖良藥。「認知升級」幸福和財富才會升級。光靠努力不一定有用，你說誰不努力呢？但有時往往做得越多、糾結越多！

我們都很清楚創業和營運在不同時期，必須要施展不同的策略。但我發現，有時候策略並不複雜，也不是在講哪種大道理，其實只要反過來想，**如果我要害一個家庭決裂、一間公司瓦解，最快、最簡單的方法是什麼？而那個方法就是我們應該要避免踩下去的坑。**

查理 芒格曾說：「當你學會逆向思維，事情往往會進展得更好。」[1]

我的一位 Podcast 來賓 ── 唐旭忠董事長（Tom）也曾當面跟我說：「再偉大的成就也彌補不了一個破碎家庭，創業失敗的底限一定家庭要在。」[2]

我用上述我們的親身經驗，以及過去曾讓我深受啟發的人物和金玉良言與你分享，祝福你在工作和生活當中，皆能平安順遂、如魚得水。

---

[1] Wisdom Bread 智慧麵包 - 為什麼你應該思考如何害人？ 這是查理·芒格的智慧 https://www.youtube.com/watch?v=xHQvDgW6-NY
[2] ITPison 沛盛資訊創辦人 唐旭忠 (Tom) 為 Email 高速發送引擎技術專家與創業家。曾榮獲中華民國傑出企業金峰獎、IMA 資訊經理人協會卓越資訊貢獻獎。推薦聆聽 Podcast Ep.90【創業時代】價值一堂 4700 萬的課！ ft. ITPison 沛盛資訊 董事長 - 唐旭忠 https://reurl.cc/A24nGj

#  給創業小白的最後建議

◆◆◆

**你值得用一輩子創自己的業。**

跟各位讀者說句心裡話，如果不是因為嫁給 Jerry，我想我可能會一輩子當個快樂的上班族，穿梭職場與家庭之間輕輕鬆鬆的過日子。沒想到上天如此安排，婚後我們歷經短暫的求職生涯，十五年前開啟一場沒有盡頭的創業之旅，改變了人生的軌跡。十多年後的今天，我們評估市場環境，是不是還有創業成功發展的空間？我們理性的持保留態度。不是因為我們熬過來有今日的成績，才站著說話不腰疼，而是如同我們這樣從零開始，企圖創業成功的機率說實話越來越少，各行各業強強聯手乃是趨勢。

**有資源的人找有野心的人合作，有能力的人向有財力的人靠攏，有辦法的人正在組建事業版圖之英雄聯盟，注重資源互換的團體戰早已開打！端著自己的碗吃自家的飯，這種上個世紀的觀念，已無法在現在的環境中求生存，單打獨鬥想要創業成功，我們建議你多多思量，除非你有多麼地不可取代性。**

## 想要創業，先讓慾望延遲滿足

你知道創業成功的人最厲害的是什麼嗎？

我們認為是克制慾望、延遲滿足，但要做到真的很困難、違背人性。創業考驗的是綜合能力，而非單一技能，克制慾望、延遲滿足還只是基本功。

我濃縮回顧前面的章節案例：找合夥人一起創業，要先知道的問題。曾經 JK STUDIO 的初創合夥人和我們一起共創事業，一開始每個人雄心壯志那是自然不過的事，工作沒日沒夜大家也都不喊苦，理念相投、默契合拍。但一年半載過去了，眼看這盤小生意怎麼還沒賺到錢，前景看起來更是一片渺茫，於是初創合夥人開始動搖了，工作的積極度與責任感大不如前。那時 Jerry 領悟到一點：對方可能真的不適合創業，再加上彼此都有家庭、有妻小要照顧，著實無法勉強對方與自己朝同一個目標繼續前進。工作上有沒有心，一眼就能看穿，最終雙方止損和平分手。

當時結算合夥人虧損不多，但 Jerry 和我已經債台高築，站在朋友的立場與道義的角度，我們唯一能做得就是債我們來背。儘管如此，各種訕笑耳語不時傳來。講白了就是因為沒賺錢導致的結果，如果當初一切順利，大家的日子就不會那麼難熬，這就是朋友合夥創業最真實的一面，考驗人性。對於合夥人的離去，我相信我們夫妻倆有很多經驗不足、需要改進的地方，而且說實在，合夥人其實義相挺我們好長一段時間了。打從 2010 年創業開始他協助我們方方面面，這是我們應該感謝的地方。可最終，每個人都

是彼此的過客，陪伴對方一陣子，但不會是一輩子。

拆夥的那陣子 Jerry 很低潮，倒不是因為負債多寡這回事。而是他覺得說，為什麼朋友不再相信他了？他沒有做對不起誰的事，且為什麼他咬牙苦撐、犧牲家人、延遲滿足、沒有娛樂，甚至還想再去兼份工賺生活費，讓 JK STUDIO 得以繼續撐下去，但對方不行？Jerry 始終覺得：「我們不是在創業嗎？」那段時間他過不去心裡那道檻。

在創業的路途上，我們也時常看到別人輝煌的時刻，當他人展現高光的時候，Jerry 可能正在端著盤子招呼客人，正在汲汲營營奔走為錢發愁，正在電腦前面處理各種報表，正在修理不明原因堵塞的廁所馬桶 .... 等等。哪怕這些作為沒有光環、沒有掌聲，但他就是忍住不去羨慕別人，克制內心的慾望，然後持續做好眼下該做好的事，直到創造出今日的一些成果。

◆◆◆

**一路走來，無論賺不賺錢，堅持與放棄都在一念之間。你看台上的明星，難道平時沒有掌聲他們就不練習了嗎？**

今年六月，託朋友的福，非常幸運能觀賞張學友 60+ 演唱會，我們親眼見證張學友的歌唱功力，我聽得如癡如醉、數度感動落淚。在演唱會上歌神親口說：「即便到今時今日，他仍然每天要練唱一、

兩個小時。」我心想，哇！那是多少光陰累積出來的實力呀！人家歌神耶，出道四十年，身價不斐，至今還在每天練唱，我們這些後生晚輩到底是有什麼本事自以為是、得意忘形，或半途而廢？

創業不也是一樣嗎？創業家背後長期承受的是黯淡無光的日子，堆積如山的工作和危機翻盤的考驗，克制慾望、延遲滿足創業這條路才有機會走下去。

## 個人公司化

多年後，對於初創合夥人的表現 Jerry 釋懷了。我曾經問過他，創業十多年你有什麼感想嗎？Jerry 說：「不是每個人都可以當創業家，但每個人都一定可以創自己的業。」我追問這什麼意思？

他解釋，狹義的創業一般或許是指從無到有、從 0 到 1 創建一門事業。但是想要拿到結果，天時、地利、人和哪個不佔據重要因素？這本來就不是人人都有意角逐的競賽，更不可能是人人都能承擔的風險，所以不是每個人都可以當創業家。

更進一步地去想，你能否在公司裡、在崗位上，持之以恆地做好該做的事，盡本分還不夠，是想辦法做得更好。用老闆的角度去思考流程和結果，用更高的視野和格局去處理面臨到的難題。

> ◆◆◆
>
> 「一個人就是一間公司」用這樣的心態在職場上獲得信任、贏得讚賞，哪怕不是花自己的真金白銀去創業，那都是在為自己的人生創業。

你創的是你這個人的信用事業，無論你去到哪，別人認的是你這個人，你就是最好的品牌，那是不是每個人都可以創自己的業？

Jerry 接著舉例我的堂哥 ── Kantis。他以前是基層工程師出身，剛出社會時非常資淺，薪水不高，他跟我們說：「早年郵局提款機只能領千元大鈔，不像現在還有百鈔讓人選擇。他去領錢時，存款只剩九百多塊還領不出來，窮到快被鬼抓走，常常都在公司吃員工餐，吃飽再回家。」但因為堂哥做事負責又加上持續學習、能力出眾，在科技業二十多年來，從一名沒沒無聞的小工程師，一路晉升到上市公司的研發中心負責人，成為董事長的左膀右臂（新聞上看得到他），是一位非常優秀的人才。

Jerry 說：「你看他在他的崗位上發光發熱，用幾十年創自己的業，在工作上贏得大家對他的肯定和尊重，人家不創業也像在創業，只是看每個人用什麼角度去領會而已。」我點頭如搗蒜，對 Jerry 這番見解有些動容。

同場加映，Jerry 有個從小到大一起長大的好朋友 ── 偉誌，高職汽修科夜間部畢業，以前做黑手。他是可以把整台汽車拆開，再重

新組裝回去的民間高手，對車體與汽修知識瞭若指掌。雖然做黑手又髒又熱又辛苦，但他一路堅持下來，人家現在已經是日本豪華汽車品牌，台灣車廠的廠長。Jerry 說：「妳覺得他需要像我們一樣創業嗎？」他朋友已經用行動證明，創出自己的信用事業，跟學歷高低、跟行業類別沒有相干，但和是否願意在其崗位上一步一腳印積累實力，在職場上學習做人做事，這些都百分之百絕對有關聯。

## 品牌從個人開始

雖然我很少稱讚我自己的先生，因為總感覺好像有一點點矯情（我應該多鼓勵他），但在我主持 Podcast 創業時代四年來，訪問過上百位創業來賓，我確實也認同 Jerry 是位值得讚許的創業家。除了創業的正向價值觀以外，對於經營品牌，我們的看法大致雷同，只是現在負責的部分跟以前不大一樣了。

2016 年我們共創 JK STUDIO 打造精品餐飲品牌，直到今年 2024，JK STUDIO 開始逐步壯大，朝連鎖企業持續發展。我意識到我們兩人在經驗值和認知思維上雙雙大幅成長，無法再一起守著同一個餐飲品牌打轉。於是，我開始走出新的路，努力經營自媒體，嘗試打造個人 IP，經營正向的人脈網絡，希望能為 JK STUDIO 錦上添花，帶來加乘的效果。

既然我們懂得打造餐飲品牌，那麼個人品牌我認為不難。我是誰、

是什麼樣子，我就呈現個人真實的樣貌，即使不完美也無所謂。每個人都有缺點、短版，比如，我不像 Jerry 是生意囝仔，只要計算公式一複雜，我就開始準備要動腦了。Jerry 說我動腦是個災難，連計算機都按錯，真的是 ....。在小孩面前我不是 100 分的媽媽，雖然開餐廳，但私底下闆娘廚藝很一般 ... 等等。如果我硬要強迫自己塑造一個完美的人設，不僅相當辛苦，別人也無法借情投射到自己身上。不如我就舒心自然地做「個人品牌」就好，享受身為天秤座，老天賞賜給我的和善性格與愛好美感的一面，展現剛剛好的優雅，然後放大我的美。

如果你是現在要創業、經營品牌、做自媒體打造個人 IP 的話，除了思考 TA 是誰之外，怎樣的你能夠持之以恆的出現在粉絲面前？你要用哪些平台管道和 TA 溝通？你希望他們在你身上獲得哪些實質的東西，或哪種情緒價值被滿足？這些很基本的問題，全部都要再想一想。

## 結語

前幾年有一首中文流行歌曲《我們不一樣》紅透半邊天，但我跟你說其實我們都一樣。時間回到十五年前，我們跟現在的你一樣，也不是一開始就知道創業要怎麼獲利？品牌該如何經營？沒人教我們怎麼創業，虧錢虧的亂七八糟！即使 Jerry 的爸爸是一位很成功的台商，但隔行如隔山，爸爸也不會亂教什麼奇招，讓我們在餐飲行業中莫名制勝。都是靠自己摸爬打滾一路走來，現在經由

寫書分享，把我們這十五年來所經歷過的、所知道的告訴讀者，期待讀者看完這本書之後能夠少踩一些坑，獲得一些實用的乾貨。

如果因為書裡的某個作法讓你省下 30 萬、300 萬，甚至更多成本，或因為某個章節的說法，幫助你縮短一些時間，更快的取得成果，亦或是，從此有人願意用創業的精神，改變工作心態、優化職場效能，使升遷更加順遂，種種正向的收穫，就是我們出這本書的意義與價值所在。

在此誠心地感謝你花時間看完《品牌翻身戰》這本書。寫書的過程中，讓我回憶起許多往事，我好幾次邊寫邊哭，眼淚滴到鍵盤上，抽了張衛生紙擦乾淚水後繼續打字。十五年的歲月，Jerry 和我胼手胝足共創事業、經營品牌的確不是件容易的事，但對我們來說是此生非常值得去做的事。

我們沒有在該努力的年紀選擇安逸、沒有在該打拼的時候躊躇不前、沒有在該苦熬的階段忍痛放棄。成功若是有捷徑，我猜測，那可能是因為你我都選擇了各自認為對的決定，然後大膽向山頂出發，不斷學習、勇於嘗試並時刻如履薄冰，因此縮短了與登頂成功之間的距離。

最後祝福大家在不久的將來，都能實現心中美好的願望。持凌雲之志，上九天攬月，下五洋捉鱉，世上無難事，只要肯登攀，**相信我們都會越來越好的！**

## 謝詞

《品牌翻身戰》本書除了謝謝讀者們喜歡之外，我們要特別感謝許多貴人幫忙，如果沒有他們，這本書不會出版的如此順利。

- 首先要感謝好友陳文婷 Mimi（FB 粉專：Mimi 的塔羅私房話），品牌翻身戰這五個字是 Mimi 幫我們想到的書名。Mimi 台灣大學圖書資訊系學士、中央大學戲曲碩士、曾任天下文化行銷企劃部。閱書無數的她，中文造詣深厚，對於文字極其敏銳。在我們還未決定出書前，Jerry 曾說：「我們又不是馬斯克，又沒有什麼豐功偉業，不過就幾間餐廳何德何能可以出書？」他會這麼說主因是那陣子我剛好在拜讀華特·艾薩克森的著作《馬斯克傳》，為此我找 Mimi 聊聊。

  Mimi 先聽我講完緣由後，再問我想寫哪些內容，以及書籍大致的走向是什麼？她聽完後說：「妳這本書我突然想到『品牌翻身戰』這幾個字。」剎那間，我有種茅塞頓開的感覺，我問：「妳怎麼想到的？」Mimi 說不知道耶，就靈光乍現。當品牌翻身戰這五個字出現後，因主題明確且文字力量十足，意外地讓 Jerry 同意、出版社感興趣、編審會議也順利通過，幾乎大家沒有不滿意的。對於 Mimi 靈光乍現書名《品牌翻身戰》，至今我仍深感佩服！

- 感謝好友詹牧澄（FB 粉專：牧澄占星教養哲學），牧澄不但推坑我寫書，還不諱言地說：「拜託妳，哪來的勇氣跟馬斯克比啊？別鬧了，妳一定要出書啦！我看好妳！」我寫書的動力有一部分來自於身邊有位雞婆的朋友猛推一把，哈哈～謝謝牧澄。

- 感謝我的小姑姑林菊金女士，她是第一位相信我會寫書的人。好多年前小姑姑看我在粉專上寫短文，她每每留言：「可以出書了。」我總是當客套話、場面話聽聽就算了，沒有放在心上，想說長輩純粹加油而已。沒想到多年後承小姑姑的貴言，我真的實現了出書這件事，愛妳呦～

- 感謝寫作教練鄭緯筌（Vista），和 Vista 老師認識始於 Podcast 的機緣。萬事起頭難，出書之前特地和他請教該如何開始寫書？如何梳理腦中雜亂無章的構想？他傳給我一份出版提案計畫，接著不吝花時間教我應該要注意哪些事情，於是，我便從 0 到 1 快速上手如何寫書。過程中，也很感謝 Vista 就像一位陪跑教練，關心我寫書的狀況，適時地給予我建議或幫忙。

- 感謝顧問老師趙胤丞，我還記得某天我傳訊息想和胤丞請教心智圖的問題，結果不到一小時的對話，除了書籍的市場分析、該如何與出版社合作等等細節以外，連行銷計畫都講完了，我感覺好像這本書已經上市熱賣了！和胤丞對話的感覺是，他帶我看見新書的未來，我當時可是連一個字都還沒寫呢！不愧是多本暢銷書的作家，實力堅強！

- 感謝好友符敦國老師，有一陣子我寫書寫到卡關，我曉得敦國有寫書的經驗，於是我問敦國可不可以打擾他一下，結果他被我拖了快兩個小時講電話。敦國以「自我覺察」的方式幫助我慢慢脫離關卡，並分享他以前寫書時的經驗，讓我找回信心繼續執筆下一階段。

- 感謝我的責任編輯黃鐘毅（Esor）。遇到 Esor 讓我想起我高中的國文老師，在寫作方面，以前國文老師對我很信任，而 Esor 也覺得我的文筆沒什麼問題。首次提筆寫書，Esor 會在適當的時間從旁給予協助並引導我，全部過程張弛有度、行雲流水，他真的非常非常地專業。我覺得很幸運，首次出書就能和城邦集團／創意市集合作出版，並幸運認識如此有水準的責任編輯，我萬分榮幸！

- 感謝辛苦的 JK STUDIO 全體同仁，無論是過去、現在或未來的夥伴們，Jerry 和 Irene 謝謝你們加入這個團隊，跟著我們一起打拚。大家都有各自付出與值得讚賞的地方，我們不一定比你聰明多少，只是相對來說，或許我們更多了份耐心，願意堅持，願意學習，願意克服挫折與挑戰。每次跌倒後都再重新站起，最終創建了這個餐飲平台，並在崗位上盡力做好我們該做的事，領航未來。期望各位夥伴給 JK STUDIO 一個機會，我們相信在大家共同的努力之下，JK STUDIO 會再邁向新的高度比現在更好！

- 感謝一路支持我們的顧客們，從以前的百味冷麵、百味坊到現在的 JK STUDIO，真的非常謝謝大家光臨惠顧。我們的每一步足跡都有你們的影子，如果沒有你們就沒有這本書的存在，更不會有現在這個令你們感到欣慰的精品餐飲品牌 JK STUDIO。在此，獻上我們最真摯的感謝與祝福予您。

- 最後這本書，我們把最大、最多份量的達謝留給家人們，家人永遠是我們發展事業最堅強的後盾，無論什麼時候親友團的支持總是最溫暖的。Jerry 和 Irene 也期許以身作則，成為兩個孩子的最佳榜樣。我們想要跟孩子說：「Lucy、Woody 爸爸媽媽真的好愛好愛你們，我們會努力地成為你們心目中的驕傲。一家人要繼續嘻嘻鬧鬧，一起長大呦！」

## 創業的開始

←章節 1-3：Jerry 創業前的正職工作，
銀行貸款專員。他簽下全台最大民用
航空公司（有朵梅花）的團件專案，
締造銀行 MVP 信貸神話。

↑章節 1-2：我們的創業人生是在台北西門町巷弄內，從一坪大的破舊舖位開始。

↑章節 1-2：第一次正式的餐飲創業「百味冷麵」，開幕的第一天 2010/4/30。

# 創業的難關

→章節 1-7：百味冷麵（淡大店）剛開始裝潢時，Jerry 為了省錢，把自己也當成一個做工的人親力親為。

↑章節 1-6：百味坊 1.0，生意很好顧客口碑都不錯，但月結餘僅賺 3 萬，人潮不等於錢潮的典型案例。

↑章節 1-6：百味坊 2.0，我們以為將裝潢和產品提升後獲利會提高，沒想到流失掉大部分的客人。雖然生意不如預期，但「升級」的念想，為日後創立 JK STUDIO 奠下良好的基礎。

↑章節 2-5：「鍋燒麵」堪稱百味冷麵淡大店的奇蹟！成本投資 3000 元，一年賺回 360 萬元，年投報率是 1200 倍。

↑章節 2-5：冷麵和鍋燒麵都是百味冷麵的暢銷商品，曾經生意火爆，內用客滿、外帶大排長龍，為我們賺得創業第一桶金。

## 創業與家庭

↑章節 1-7：女兒 Lucy 小時候在店裡還會幫忙發傳單，跟客人打招呼。

↑章節 1-7：女兒出生後隔幾年我們有了兒子 Woody，因為太愛小孩，遂把他的名字變成餐點名稱。現在 JK STUDIO 桃園華泰店的 "無敵巧克力蛋糕" 就是以兒子為命名。

↑章節 4-3：創業中的婚姻不易經營，篳路藍縷十多年經歷許多辛酸，甚至在痛苦時雙方也想過要放棄這段感情，但最終我們仍選擇維護家庭、成就事業。

↑章節 1-7：剛生完第一胎小傢伙，在此前 30 分鐘我忍著破水的劇痛，確認貨物的行蹤。生完後就再怎麼也想不起來，待產時怎麼有辦法一邊忍痛一邊聯繫工作？

↑章節 1-2 ：我們運氣不錯，初創沒多久因為產品獨特，被兩個娛樂節目的製作團隊相中。（節目名稱：旅行應援團、台灣真好康）
旅行應援團節目錄影片段 →
https://reurl.cc/zDz6v0

# 創業的貴人與朋友

↑章節 2-4：圖左 Jerry、圖右 Ethen，我們創業的第一筆資金即是由 Ethen 幫忙貸款而來。他是 Jerry 最信任、最想感謝的朋友之一。

↑章節 2-5：圖右是邱煜庭（小黑老師）。在 JK STUDIO 非常困難的時候，小黑老師為我們帶來一絲希望、一道曙光，至今我們仍然對他心懷感激。

↑章節 1-5：金鐘視帝 游安順（順哥）一家人幫 JK STUDIO 義法餐廳（桃園華泰店）代言拍攝形象影片。資深演員台上一分鐘、台下十年功的功力令人佩服。拍攝時，我看不出來順哥什麼時候開始、什麼時候結束，其專業程度令人折服。

↑章節 3-1：圖左二 彭俊人先生（ToShi）是我們的 VVIP。ToShi 一路看著我們成長，老顧客的支持一直是我們動力的來源；圖右兩位謝智超伉儷（Tiger & Evelyn）也是我們的 VVIP，永遠不會忘記他們對 JK STUDIO 的照顧。

# 創業眉角

↑章節 3-2：裝潢美觀與否屬於個人主觀意識，但以客觀立場來說：「沒有施工糾紛，才有最佳裝潢」這點我們認為無庸置疑。（圖為 JK STUDIO 義法餐廳 - 桃園華泰店）

↑章節 3-3：進駐商場須注意合乎法規，文中提到廚房 " 貴鬆鬆 " 的防火玻璃，符合商業空間之規範。

↑章節 3-3：商場環境小細節。Jerry、設計師和工班師傅花費很多心力，才把那座鋼筋格柵處理到既美又安全。

# 創業起飛

↑ 章節 2-2：JK STUDIO 第一間創始店開在台北信義區巷弄內，緊鄰三處
停車場和捷運市政府站 1 號出口，交通非常便利。

↑ 章節 2-6：「JK 經典戰斧牛排」
是讓 JK STUDIO 翻身最成功的
代表餐點。

↑ 章節 3-6：做了才知道 Fine Dining
經營的 " 眉角 "，雖然 JK STUDIO
Modern Asia 不如預期，但對我們
團隊來說，這是非常寶貴的經驗，
我們始終正向看待。

←↑ JK STUDIO 法式餐酒館 ( 大直忠泰店 )

↑ JK STUDIO 法式餐酒館 ( 台北信義店 )

↑ JK STUDIO Burger
( 大直忠泰店 )

↑→ JK STUDIO 義法餐廳
（桃園華泰店）

↑ JK STUDIO 歐陸餐廳（林口三井店）

# 品牌翻身戰：
## 從10元小吃到破億連鎖餐飲，開店創業策略教戰書

作　　者／林冠琳（Irene）、張偉君（Jerry）
責任編輯／黃鐘毅
版面編排／劉依婷
封面設計／陳志強
資深行銷／楊惠潔
行銷主任／辛政遠
通路經理／吳文龍

總 編 輯／姚蜀芸
副 社 長／黃錫鉉
總 經 理／吳濱伶
發 行 人／何飛鵬
出　　版／創意市集 Inno-Fair
　　　　　城邦文化事業股份有限公司
發　　行／英屬蓋曼群島商家庭傳媒股份有限公司城
　　　　　邦分公司
　　　　　115台北市南港區昆陽街16號8樓

香港發行所／城邦（香港）出版集團有限公司
　　　　　　香港九龍土瓜灣土瓜灣道86號
　　　　　　順聯工業大廈6樓A室
　　　　　　Tel：(852)25086231　Fax：(852)25789337
　　　　　　E-mail：hkcite@biznetvigator.com
馬新發行所／城邦（馬新）出版集團 Cite (M) Sdn Bhd
　　　　　　41, Jalan Radin Anum, Bandar Baru Sri
　　　　　　Petaling,
　　　　　　57000 Kuala Lumpur, Malaysia.
　　　　　　Tel：(603)90563833　Fax：(603)90576622
　　　　　　Email：services@cite.my

製版印刷／凱林彩印股份有限公司
初版1刷　2024年10月1日

ISBN　978-626-7488-43-0／定價 新台幣450元
EISBN　9786267488409 (EPUB)／電子書定價　新台幣315元

Printed in Taiwan
版權所有，翻印必究

城邦讀書花園　　http://www.cite.com.tw
客戶服務信箱　　service@readingclub.com.tw
客戶服務專線　　02-25007718、02-25007719
24小時傳真　　02-25001990、02-25001991
服務時間　　週一至週五9:30-12:00，13:30-17:00
劃撥帳號　　19863813
　　　　　　戶名：書虫股份有限公司
實體展售書店　　115台北市南港區昆陽街16號5樓

※如有缺頁、破損，或需大量購書，都請與客服聯繫

※廠商合作、作者投稿、讀者意見回饋，請至：
　創意市集粉專 https://www.facebook.com/innofair
　創意市集信箱 ifbook@hmg.com.tw

**國家圖書館出版品預行編目資料**

品牌翻身戰：從10元小吃到破億連鎖餐飲，開
店創業策略教戰書/ 張偉君（Jerry）、林冠琳
（Irene）合著
-- 初版 -- 臺北市；
創意市集‧城邦文化出版／英屬蓋曼群島商家庭
傳媒股份有限公司城邦分公司發行，2024.10
　面； 公分
ISBN　978-626-7488-43-0（平裝）

1.CST: 創業 2.CST: 商店管理 3.CST: 品牌行銷
4.CST: 餐飲業

494.1　　　　　　　　　　　　113014088